海绵城市
有机质输移环境效应

袁冬海　崔　骏　王京刚　李俊奇　等著

化学工业出版社
·北京·

《海绵城市有机质输移环境效应》介绍了海绵城市的内涵和发展现状、城市道路与开放空间低影响开发设施、城市地表径流有机质季节分布特征研究、绿色屋顶对城市径流中溶解性有机质与重金属相互作用机制的影响、植草沟对城市径流中溶解性有机质与重金属相互作用机制的影响、生态护坡对城市径流中溶解性有机质与重金属相互作用机制的影响、不同功能区对城市径流中溶解性有机质与重金属相互作用机制的影响、植草沟对城市径流中溶解性有机质与新型污染物相互作用机制的影响等内容。

《海绵城市有机质输移环境效应》可供环境工程、环境科学、给水排水工程、城市规划、风景园林设计等专业的科研人员阅读，还可供上述专业的高等院校师生参考使用。

图书在版编目（CIP）数据

海绵城市有机质输移环境效应/袁冬海等著. —北京：
化学工业出版社，2019.7
ISBN 978-7-122-34897-5

Ⅰ.①海… Ⅱ.①袁… Ⅲ.①城市-地面径流-水污
染-污染控制-研究 Ⅳ.①X522

中国版本图书馆 CIP 数据核字（2019）第 148693 号

责任编辑：满悦芝 文字编辑：王 琪
责任校对：王素芹 装帧设计：张 辉

出版发行：化学工业出版社（北京市东城区青年湖南街 13 号 邮政编码 100011）
印 刷：北京京华铭诚工贸有限公司
装 订：三河市振勇印装有限公司
710mm×1000mm 1/16 印张 13¾ 字数 238 千字 2019 年 7 月北京第 1 版第 1 次印刷

购书咨询：010-64518888 售后服务：010-64518899
网 址：http://www.cip.com.cn
凡购买本书，如有缺损质量问题，本社销售中心负责调换。

定 价：88.00 元

前　言

　　海绵城市指的是城市像海绵一样，在适应环境变化和自然灾害时具有良好的弹性，下雨时吸水、蓄水、渗水、净水，需要时将储存的水释放出来并加以利用。海绵城市的建设基于对城市原有生态系统的保护，是解决我国城市雨水问题的重要途径。雨水中最重要的物质是溶解性有机物（DOM），它在城市生态环境中起着关键作用。然而雨水中的 DOM 在海绵城市的低影响开发设施中通常会发生结构特征的演化，并且可以与水中的其他典型污染物及新型污染物相互作用，进一步影响其在城市水环境中的迁移转化。我们借助这本书，总结归纳了 DOM 在一些典型的低影响开发设施中的行为及其对其他污染物的影响，将其奉献给环境保护领域的同行，也希望给城市管理者、学者、研究人员一个有价值的参考。

　　通常来说，科研人员获得的各种水样品的水质都是通过物理、化学、微生物学的方法进行测定评估的，但是测定的数据大多倾向于生化需氧量（Biochemical Oxygen Demand，BOD）、化学需氧量（Chemical Qxygen Demand，COD）、总有机碳（Total Organic Carbon，TOC）这些数据。这些常规的水质分析指标的检测昂贵、费时、误差大，而且测试结果仅仅为测定时刻的数值，想获得一个长期的实时数据是不太可能的。荧光光谱分析具备在分析之前不需要进行分离和富集等预处理，测试更加灵敏、快速，不破坏样品、需要极少量样品即可测量等多种优点，可以提供 DOM 的来源与组成信息，已经被广泛应用于表征天然水环境中 DOM 的特征。使用三维荧光光谱来检测不同水环境样品中的 DOM 组成，一般可以检测出包括类腐殖酸荧光、类富里酸荧光和类蛋白荧光的荧光物质。这些荧光峰强度主要与有机质浓度有关系，同时还受 pH 和重金属离子的相互作用等因素影响。最近几年来，随着技术越来越成熟，荧光光谱分析已经被广泛应用于检测分析河湖水、海洋水等天然水系统中的有机物，同时，它还被用来检测河流中有机质和石油类污染物，评估饮用水处理的过程，检测未经处理的生活污水、垃圾渗滤液和排入自然水体中的工农业废水或者检测杀虫剂、融雪剂等有机质。分析检测各类水系统中DOM最常用的荧光光谱有三维荧光光谱（EEMs）和同步荧光光谱，EEMs是一类表达荧光强弱的等高线图，这种图是在一个区间范围内的发射波长扫描一组重复的激发波长；同步荧光光谱是在固定波长间隔的条件下，同时扫描激发和发射光。平行因子分析（PARAFAC）是一种数学三维线性模型的方法，可以将EEMs图谱分解成化学成分上有意义的组分，更加深入地研究DOM的组成成分。PARAFAC在缺失有关激发发射光谱的假设情况下，可以从EEMs数据集中提取不同荧光组分的最小残差，将不同的荧光峰分离出来。二维相关光谱（2D-COS）可以通过沿着第二维度和提供关于结构变化的相关顺序与相对方向而延伸光谱，用来分析解决荧光光谱重叠峰的问题。因此，二维相关光谱近来被用于研究一些相关物质的相互作用机制。

DOM普遍存在于水和土壤环境中，且有许多不同的化学官能团，溶解性有机物是已知的可以与重金属形成强烈复合物的一类物质，同时还可以影响多种重金属的分布、毒性、生物有效性及其在环境中的最终归宿。重金属污染对于生态系统和人类的安全的影响已经日益成为一个全球性的问题，之前的科学研究已经发现在水环境中DOM对多种重金属的最终走向和生物地球化学循环起决定性作用。

本书里，我们着重介绍了三种不同的LID设施：绿色屋顶、生态护坡和植草沟对DOM的结构特征演化影响与不同功能区的径流雨水中DOM的分布特征。我们还对DOM与重金属及个人护理产品（PPCPs）的配合特征进行了一系列详细的分析。此外，本书还提供了我们对于城市LID设施对DOM及其他污染物的迁移转化影响的预测，希望能给读者带来不一样的启发。

本书编写团队从事海绵城市径流雨水污染研究10年以上，获得国家水体污染控制与治理科技重大专项课题（2017ZX07206-003、2018ZX0711005）、国家自然科学基金（51209003、51578037）、广西重大科技专项课题（51578037）、北京建筑大学市属高校基本科研业务费专项资金（X18288、X18289）等项目资助。编写团队总结多项研究成果最终完成此书。本书研究成果的试验总体设计与内容撰写由袁冬海负责。第1章介绍了海绵城市的内涵及发展现状，并概述了雨水径流与LID设施，由袁冬海、单保庆、昌建华、王京刚参与组织编写；第2章分别对城市道路LID设施植草沟、渗透铺装、生态树池及城市开放空间LID设施绿色屋顶、生物滞留池、雨水花园及生态护坡进行了详细描述，并对可以与有机质相互作用的共存物质进行阐述，由袁冬海、何连生、薛晓飞、李俊奇参与组织编写；第3章城市不同季节地表径流中溶解性有机质的特征变化主要由袁冬海、王家元、曾鸿鹄负责试验和分析；第4章绿色屋顶对溶解性有机质与重金属的结合影响为袁冬海、刘钰钦、夏瑞进行的试验分析内容；第5章植草沟对溶解性有机质与重金属的结合影响由刘钰钦完成试验分析内容；第6章生态护坡对溶解性有机质与重金属的结合影响则是袁冬海、崔骏所进行的试验研究分析成果；第7章不同功能区对溶解性有机质与重金属的结合影响由袁冬海、王昊天具体进行试验研究分析；第8章植草沟对溶解性有机质与卡马西平的结合影响是袁冬海、安烨辰进行试验分析的结果，他们将辛苦与汗水倾注到了此书的每一个字与句中。希望能通过本书分享我们对于有机质的理解和展望，并为此感到由衷的骄傲与自豪，如果我们所付诸的努力可以得到读者的认同与理解，那我们所做的一切都是值得的。

最后感谢为本书能够得以出版付出了巨大努力与智慧的崔骏、王昊天、周强、安烨辰表示最衷心的祝福与感谢，谢谢你们所做的一切。

鉴于时间与作者水平所限，书中疏漏之处在所难免，恳请广大读者批评指正。

作者

2019 年 7 月

目　录

1 绪 论

1.1 "海绵城市"的内涵

《海绵城市建设技术指南——低影响开发雨水系统构建》对海绵城市进行了如下定义：海绵城市是指城市能够像海绵一样，在适应环境变化和应对自然灾害等方面具有良好的"弹性"，下雨时吸水、蓄水、渗水、净水，需要时将蓄存的水"释放"并加以利用。海绵城市建设必须以自然生态优先为原则，在满足城市和城镇排水系统所需的基础上，最大限度地将区域内的雨水积存、渗透、净化并二次利用，保护城市环境，可持续利用雨水资源。

《海绵城市设计：理念、技术、案例》一文中对海绵城市的内涵进行了如下解读。首先，海绵城市建设将雨洪视为资源，重视生态环境。海绵城市的出发点必须是顺应自然环境、尊重自然规律。城市的发展应该给雨洪储蓄留有足够的空间，根据地形地势，保留和规划更多的湿地、湖泊，并尽可能避免在洪泛区搞建设，使之成为最大雨洪的蓄洪区、湿地公园、农业用地等，以减少城市内涝。与此同时，上述做法也保证了水资源的安全。其次，海绵城市建设的目标就是要减少地表径流和减少面源污染。要量化年径流量控制率、综合径流系数、湿地面积率、水面面积率、下凹式绿地率等指标，指导城市生态基础设施建设。减少地表径流就能减少面源污染，这对水系水质保障和水安全很重要。减少地表径流，雨水就能就地下渗，这对地下水补充很重要。因此，从某种意义上讲，海绵城市设计，就是要最大限度地争取雨水的就地下渗。另外，海绵城市建设将会降低洪峰和减少洪流量，保证城市的防洪安全。当城市面临最大的降雨时，由于海绵城市有足够的容水空间（湿地、湖泊、洪泛区、河漫滩、农业地、公园、下沉式绿地等）及良好的就地下渗系统，城市的防洪能力会更强，洪流量、洪峰都会大大降低，暴雨的危害性也会降低。最后，在城市规划中要运用多规合一，保证海绵城市建设生态效益、经济效益、社会效益的最大化。城市规划要以海绵城市的设计理念为基础，根据城市水资源情况、降雨规律、土壤性质等条件，确定城市的生态安全格局、生态敏感区、生态网络体系，保证人与自然和谐相处、城市的宜居性和城市的可持续发展。同时，城市的发展应该重视产业规划的功能落位到空间，确定城市不同空间的开发强度、土地使用性质、产业功能，并保证足够的生态用地空间，最大限度顺应自然环境。

《海绵城市的内涵、途径与展望》一文中，提到："海绵城市的本质是解决城镇化与资源环境的协调和谐。传统城市开发方式改变了原有的水生态，海绵城市则保护原有的水生态；传统城市的建设模式是粗放式和破坏式的，海绵城市对周边水生态环境则是低影响的；传统城市建成后，地表径流量大幅增加，海绵城市建成后地表径流能尽量保持不变。因此海绵城市建设又被称为低影响设计和低影响开发。"

1.2　雨水径流与低影响开发措施

近年来，随着城市化进程的不断加快（图 1-1），城市产生诸多问题，其中雨水径流首当其冲。城市不透水下垫面面积的不断扩大，降雨入渗量的不断减少，地表径流逐渐增加，直接导致珍贵的雨水资源浪费及城市地域内自然水文过程发生巨大变化。我国北方平原地区浅层地下水超采现象严重，导致较大面积的地下水位降落漏斗区，且其深度呈现逐年加深趋势。而我国现有城市雨水排放系统基于"快速排放"原则设计，导致全国城市年流失径流雨水量约 $2 \times 10^{10} \, \text{m}^3$，超过缺水总量的 1/5，造成巨大的资源浪费。

城市道路与开放空间作为城市的主要基础设施之一，在城市建设用地中所占比例较大。在传统理念中，为营造便捷舒适的交通环境，城市道路建设过程中，不透水下垫面数量扩增、道路竖向设计不利于排水收集、缺乏多元雨水排放措施、排水系统建成后运营管理不当等导致城市大面积积水。其中，不透水下垫面数量扩增是城市大面积积水的主要原因。不透水路面数量增加会使径流量加大，峰现时间缩短，造成下游排水压力过大、排水不及时，从而造成城市积水严重。传统绿化带与道路之间通过路缘石隔开并封闭起来，当暴雨来临，道路上的雨水不能排入两侧的绿化带，而绿化带的雨水反而漫流到路面，使道路排水压力加重；坡地城市道路纵坡较大，有的城市纵坡高达 6%，暴雨来临时，道路径流雨水主要沿竖向流动至下

图 1-1　城市化快速发展

游，在下游雨水口处易出现严重的冒水，甚至越流造成积水。传统理念中国内的大多数道路、红线范围内及红线范围外的绿地及开放性空间的利用主要考虑其景观功能，并未考虑其对径流雨水的收集、蓄滞、消纳作用。这种传统的高绿地设计理念，使得大面积的城市绿地及开放性空间在城市雨水控制利用及防洪排涝方面不能发挥其应有的功能。与之相反，很多情况下城市绿地及开放性空间不仅未能有助于雨水的控制利用及内涝积水问题的解决，甚至增加了市政排水管线的排水压力，造成内涝积水的加剧（图 1-2）。同时也导致了城市道路与开放空间雨水径流污染严重，雨水资源利用率低等一系列问题。以北京为例，对北京城区的监测表明，屋面和道路雨水初期径流的 COD 平均范围为 $200 \sim 1200 \mathrm{mg/L}$，一场雨的雨水径流污染物负荷总量平均可达 COD $380 \sim 630 \mathrm{t}$，SS $440 \sim 670 \mathrm{t}$，TN 近 $30 \mathrm{t}$，TP 近 $8 \mathrm{t}$。平均每年雨水径流污染物总量 COD 和 SS 分别可达 $12000 \sim 23000 \mathrm{t}$ 和 $9000 \sim 19000 \mathrm{t}$，污染物产量非常巨大。严重污染的雨水径流还会造成地下水污染。截止到 2013 年，北京各类城市园林绿地共有 $67048.15 \mathrm{hm}^2$，按年平均降雨量 $600 \mathrm{mm}$，以绿地地表径流系数为 0.4 计算，平均每年每公顷绿地可吸收 $3.6 \times 10^3 \mathrm{m}^3$ 雨水，全市绿地每年可吸收近 $2.4 \times 10^8 \mathrm{m}^3$ 雨水。在不作任何处理的情况下，可以入渗利用绿地内产生雨水的 60%，经过改造可以 100% 地利用绿地范围内的降水。若考虑消纳周边建筑物屋顶或广场等硬质环境（径流系数为 0.9）的雨水径流，城市园林绿地雨水资源利用与调解城市水循环的潜能十分巨大。

图 1-2　城市洪涝灾害

　　狭义低影响开发指在场地开发过程中采用源头、分散式措施维持场地开发前的水文特征，也称为低影响设计或低影响城市设计和开发。其核心是通过源头、分散式的措施实现城市径流污染和总量管理，维持场地开发前后水文特征不变，包括径流总量、峰值流量、峰现时间等。低影响开发（LID）1990 年由美国马里兰州环境资源署首次提出，随着雨水管理理念和技术的不断发展，低影响开发的内涵也不断完善发展，我们通过查阅美国不同州县的 LID 手册，分析比较了低影响开发发展的历程（图 1-3）。

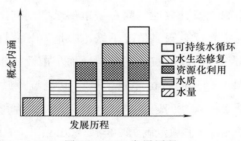

图 1-3　LID 发展历程

　　最初 LID 的基本核心是通过在场地源头进行分散式控制，维持场地开发前后水文特征不变，从而削减城市地表径流量和峰值流量。但随后为有效控制初期雨水中的大部分污染物，进而提出了水质控制的目标。在干旱少雨、水资源匮乏和地下水过量开采地区如何收集和储存雨水也格外重要，因此概念内涵得到进一步拓展，在水量控制（雨水收集）以及水质控制（水质净化）的基础上进一步纳入了雨水的资源化利用这一理念。因为雨水资源化利用同时能减少对环境水体的污染，并能减少对淡水资源的使用和地下水的开采，从而减少人为活动对于自然水资源的干扰，依靠水生态系统的自我调节能力达到水生态修复的目的。雨水的源头下渗、收集和蒸发同样能减少进入污水处理厂的水量，从而降低污水处理厂的运行负荷、能源消耗以及产生的气体污染物，最终实现区域健康水循环。

目前，低影响开发的内涵在我国已延伸至源头、中途和末端不同尺度的控制措施。城市建设应在城市规划、设计、实施等环节纳入低影响开发内容，并统筹协调城市规划、排水、园林、道路交通、建筑、水文等专业，共同落实低影响开发控制目标。从广义来讲，低影响开发是指在城市开发建设过程中采用源头削减、中途转输、末端调蓄等多种手段，通过渗、蓄、净、用、排等技术，实现城市良性水文循环。

城市道路与开放空间是建设海绵城市、构建低影响开发雨水系统的重要载体，通过一定的措施和手段使得雨水入渗或存储与利用，常采用透水铺装、雨水花园、生物滞留设施、蓄水池、植草沟等措施将地表径流引入绿地进行调蓄，利用透水铺装提高硬质表面的透水性，通过绿色屋顶和辅助设施等对雨水进行存储、调蓄、利用与净化，从而达到削减地表径流量与减少径流污染负荷的目的。城市道路与绿地系统规划应明确低影响开发控制目标，在满足道路交通、绿地生态、景观、游憩和其他基本功能的前提下，合理地预留或创造空间条件，对道路、开放空间自身及周边硬化区域的径流进行渗透、调蓄、净化，并与城市雨水管渠系统、超标雨水径流排放系统相衔接。

我国城市的水问题越来越突出（水资源短缺、水污染、内涝频发），严重地制约了城市可持续发展。如何科学地利用雨水缓解城市水资源紧张的矛盾、有效地削减暴雨径流，成为一个广受关注的课题。针对雨水径流污染问题，美国先后提出了雨洪最佳管理措施（Best Management Practices，BMPs）和 LID 的概念，将雨水控制利用设施设计贯穿于整个场地规划设计过程之中，采用分散的小规模措施对雨水径流进行源头控制，以减少雨水径流峰值流量和总量，提高径流水质，力求城市开发区域的水文和水环境功能接近开发前的状况[1]。其他类似的概念如英国的可持续排水系统（Sustainable Urban Drainage System，SUDS）、澳大利亚的水敏感城市设计（Water Sensitive Urban Design，WSUD）、新西兰的低影响城市设计与开发（Low Impact Urban Design and Development，LIUDD）等，其核心都是如何实现可持续的城市雨水系统设计[2]。在技术上主要从源头、中途、末端三方面进行控制，这些技术对我国的城市雨水污染控制与利用很有借鉴意义。

目前，由财政部、住建部和水利部联合启动的海绵城市建设也是基于低影响开发雨水系统，将城市河流、湖泊和地下水系统的污染防治与生态修复结合起来，雨水通过雨水利用设施的下渗、滞蓄、净化、回用补给城市水资源[3]。国内一些研究者也进行了相关研究与示范，例如，车武和李俊奇[4]在北京、天津、深圳等地进行了一系列雨水控制利用工程，并取得了一定的成效；尹澄清[5]在武汉市汉阳地区采用多项技术控制城市非点源污染物的"源-迁移-汇"，考察了降雨径流污染对受纳水体的贡献；张书函[6]研究了北京多个小区的雨水渗透、调控排放和收集回设施，表明综合外排污染负荷得到较大程度削减。但这些研究主要关注对传统污染物（TSS、COD、N 和 P）的去除，针对径流雨水中有机质等污染物在 LID 设施中的结构演化研究甚少，特别是降雨过程径流雨水中溶解性有机质（DOM）特征变化对重金属和有机污染物在 LID 设施中迁移转化和耦合的机制还不清楚，这些典型污染物对雨水资源化利用存在重大的安全隐患。本书旨在对径流雨水中典型污染物（如有机质、重金属、有机污染物以及新型污染物）在 LID 设施中的迁移转化及生物有效性进行深入研究，以期为缓解城市水问题和海绵城市建设提供技术支撑。

1.3　海绵城市的发展现状

1.3.1　国外城市道路内低影响开发设施研究现状

国外城市道路内低影响开发设施主要分为透水性路面和生物滞留两大类设施。

① 透水性路面研究现状。在国外，透水性路面的研究和应用已经有接近 50 年的历史。20 世纪 70 年代，法国为了改善公园林荫道上树木的灌溉难题最早提出透水性路面的设想。欧美、日本等一些发达国家从 20 世纪 80 年代开始广泛地研究开发透水性混凝土路面材料，并将其应用于广场、步行街、道路两侧和中央隔离带、公园内道路以及停车场，增加城市的透水、透气空间，对调节城市气候、保持生态平衡起到了良好的效果。

在美国，对透水铺装的研究最系统且最具代表性，其研究的侧重点一方面在于透水铺装对地表径流的抑制和增加雨水下渗率的作用。美国将透水铺装作为城市雨洪管理的一种最佳手段来研究和使用，并出版了相应的研究手册。它们对于透水铺装的分类、常用结构、设计要素及关键点、施工程序、养护等都给出了较为详细的说明。另一个研究的侧重点在于透水铺装对由于地表径流引起的污染物扩散的抑制作用。美国的许多学者都通过各种手段研究其对各种污染物，如碳氢化合物、重金属等对下层土壤、地下水、排水口下游自然水体污染的抑制。

针对径流削减方面，美国北卡罗来纳州东部一座透水铺装停车场修筑了四种不同类型的透水铺装以及普通的不透水沥青铺面来进行对比研究。四种铺面分别为：透水混凝土铺面、两种不同表面孔隙面积的透水连锁块铺面、填砂的镂空砖铺面。Kelly A. Collins 等[7] 在 2006 年 6 月—2007 年 7 月对其进行观测，主要是区别其在表面径流量、总流出水量、洪峰流量和流速、洪峰延时等方面的水文差异，并分析了影响它们透水效果的因素。Watanabe[8] 对日本横滨布设的渗透性铺装开展径流控制研究，结果表明该设施削减了 15%～20% 的径流洪峰。Fassman 等[9] 对新西兰奥克兰某处的连锁砖透水铺装进行实地监测研究，目的是对其 LID 目标可达性进行评价。同时他们监测了传统不透水沥青路面，结果发现，在所监测到的 40 场降雨中，透水铺装表面径流的产生时间平均滞后 2.4h，18 场降雨峰值流量平均降低 83%，10 年一遇降雨场次的峰值流量降低 70%。

通过国外大量研究成果可知，透水铺装对径流量的控制作用较为显著，我们对一些文献中的数据进行了总结，可较直观地看出透水铺装对径流的削减效果，如表 1-1 所示。

表 1-1　国外透水铺装径流体积削减量小结

透水铺装类型	研究历时	径流体积削减效果
PICP	14 个月	平均径流系数 0.67
CGP	26 个月	表面径流体积占总径流体积的 44%（平均值）
PC	17 个月	表面径流体积占总径流体积的 31%（平均值）
PICP	11 个月	径流系数：0.29～0.67
PC	30 个月	降雨量＜50mm 时，100% 下渗
PP	24 个月	径流系数 0.1～0.2
PICP	30 个月	夏季没有径流产生，一场大雨除外（72mm）
PGC	4 个月（9 场雨）	相比于不透水沥青铺面，透水铺面减少 93% 的径流量，径流系数：0～0.26
PC,PICP	4 场模拟降雨	表面径流体积占径流总体积的 22%～68%

注：PICP 为连锁混凝土路面；CGP 为混凝土网格透水路面；PC 为透水混凝土路面；PP 为聚丙烯路面；PGC 为透水网格路面。

针对水质控制方面，Kuang 等[10] 的研究结果表明，透水混凝土对 SS 的平均去除率高达 80%，其中的沉淀颗粒物几乎可以全部去除，而悬浮颗粒物的去除率为 50%。Brown 等[11] 对 UNI 生态碎石和透水沥青混凝土两种不同类型的透水铺装对污染物的控制效果进行了研究，并通过现场试验和实验室试验对这两种类型的透水铺装污染物去除机理进行了研究。结果表明，两种透水铺装对 SS 的去除率介于 9%～96%（表 1-2）。

表 1-2　国外透水铺装水质控制小结

透水铺装类型	TSS 去除率/%	Zn 去除率/%	Cu 去除率/%	Pb 去除率/%	Cd 去除率/%
PA	94	76	75	93	—
PA	93	79	52	88	—
PA	87	83	61	87	—
PICI	56	93	57	—	—
PA	81	66	35	78	69
PA	96	79			—
PC	72	55	54	63	55

注：PA 为透水沥青路面；PICI 为连锁混凝土路面；PC 为透水混凝土路面。

② 生物滞留设施研究现状。国外关于生物滞留的研究起源于 1990 年的美国乔治王子郡，而后这方面的研究迅速增多，并被写入各州雨水管理手册中。目前美国马里兰大学的 Davis、Heish 等，北卡罗来纳大学的 Hunt 等，康涅狄格大学 Dietz、Clausen 等及澳大利亚莫纳什大学生物滞留技术推广协会（FAWB）等对生物滞留开展了长期的研究，对生物滞留的产汇流效应及水质净化开展了模型模拟、实验室及现场监测等许多工作。Hunt 等[12] 研究表明，生物滞留能够以下渗和蒸发方式，实现对径流体积进行有效控制；2008 年 Brown[13] 以填料层厚度和植被覆盖等为变量，研究了生物滞留设施的控制效果，结果表明具有表层蓄水空间和较大的填料层厚度的设施，具有比较好的径流控制效果；Davis[14] 通过实验室模拟生物滞留设施对重金属截留发现，有 88%～97% 的重金属能在土壤基质层被滞留，2%～16% 不能被截留，有 0.5%～3.3% 能被植物富集；国外众多研究数据表明，生物滞留设施具有良好的产汇流效应、水量削减效应以及水质净化效应，相关研究主要集中在径流量削减率、峰值流量控制率、滞峰时间分析评估方法等方面。

城市道路与生物滞留设施的联用又可以称为低影响开发道路或绿色道路。目前绿色道路在国外已有较为广泛的应用，例如洛杉矶奥若斯绿色道路项目、加利福亚州的绿色道路与停车场计划、明尼苏达州社区绿色道路项目等，此外应用较为成功的案例还包括美国波特兰市的绿色道路项目和芝加哥的绿色小巷项目。但针对透水性路面和生物滞留设施两者的联合应用的水文效果研究较少，主要限于停车场尺度，研究了透水停车场及相邻生物滞留带对径流雨水的减排效果，而二者在城市道路系统的联用研究较少。Brown 等[13] 对停车场透水路面与生物滞留带联用监测研究发现，该系统能够减少 99.94% 的峰值流量。透水路面与生物滞留组合系统不仅可以强化道路径流雨水下渗，还能有效去除大量的污染物、净化水质。

海绵城市有机质输移环境效应

1.3.2 国外城市开放空间内低影响开发设施研究现状

在西方发达国家进行城市规划时，很少用到绿地这个词，而是将其称为开放空间。在英国，对公共开放空间有专门的定义，即"全部具有确定的和不受限制的公共通路，并且可以用开敞空间等级制度来进行分类而不进行所有权区分的公园、共有地、杂草丛生的荒地和林地"；美国对开放空间也有专门的定义，即"城市里一些保持原有自然景观风貌的区域，或者原有的自然景观风貌得到恢复的区域，即娱乐休息地、自然保护地、风景区或为了城市后续发展和建设而预留出来的土地"。城市中没有开始建设的土地不全是开敞空间，城市绿地的价值包括娱乐休息的价值、自然保护的价值、历史文化的价值、风景的价值。因此，开放空间在广义上是指在一个城市中，完全或者几乎没有人工建筑覆盖的空地和水域。在狭义上，开放空间专指绿地。而我国所说的绿地的概念是指狭义上的开放空间，且常见的设施为多功能调蓄设施。

在日本，政府规定：在城市中每开发 $1hm^2$ 土地，应附设 $500m^3$ 的雨洪调蓄池，在城市中广泛利用公共场所，甚至住宅院落、地下室、地下隧洞等一切可利用的空间调蓄雨洪，减免城市内涝灾害。例如位于日本千叶县的长津川多功能调蓄区，它的储蓄量为 $170000m^3$，面积为 $66000m^2$，调蓄高度为 4.4m。在枯水期，景观池中的水位在常水位，维持整个调蓄设施中唯一的亲水区域，人们可以到这里来散步、娱乐和休闲；在丰水期，当暴雨来临时，警报提醒游人疏散，此时的游戏广场、草坪广场作为雨水调蓄渗透塘进行蓄水，暴雨过后储蓄的雨水下渗，在削峰流量的同时补充地下水源。表 1-3 为整理的日本多功能调蓄设施的详细信息。

表 1-3 日本多功能调蓄设施实例一览表

地点	储存量 /m^3	储存池面积/m^2	水深/m	构造形式	多功能利用
埼玉县	700000	316000	2.9	河川洪水溢流堤调节池	景观池、校园、公园、底层架空式批发商业中心
埼玉县川越市	45590	25900	4.4	挖掘式	公园、运动场所(网球场、门球场)
庆应私立大学校园	50130			挖掘式调节池/地下储存池	景观池、停车场、空地
千叶县佐仓市	30745	9060	5.0	挖掘式调节池	公园、景观池、花坛、喷水池等
神奈川县横滨市	6045	10210	0.6	挖掘式调节池	高尔夫球场、练习场、停车场

地点	储存量 /m³	储存池面积/m²	水深/m	构造形式	多功能利用
东京新宿区	30000	10000	3.5	河川洪水溢流堤调节池	住宅、公园
千叶县船桥市	170000	66000	4.4	河川洪水溢流堤调节池	景观池、草坪广场、游戏广场
青森县青森市	590000	263200	4	河川洪水溢流堤调节池	小学、中学、驾驶训练中心

在美国，1972 年芝加哥城市卫生街区开始在没有排水管道和设置分流式排水管道的新开发区实行强制性的雨水储留设施，以削减城市雨水径流。这些储留设施的方式是各式各样的，有人工湖、干塘、湿塘、停车场、屋顶或地下储水设施。为解决集水面积 971km² 的合流制下水道地区的水质和洪水问题，在上游建造了三个大型雨水储留池。表 1-4 为整理的美国多功能调蓄设施的设计标准。

表 1-4　美国多功能调蓄设施实例一览表

多功能区	设计标准	说　明
草地		
足球场（普通）	10 年一遇	
足球场（用于锦标赛）	25 年一遇	
垒球/棒球场（普通）	10 年一遇	
垒球/棒球场（用于锦标赛）	25 年一遇	
混凝土运动场	50 年一遇	篮球、网球等
沥青运动场	50～100 年一遇	网球、手球等
儿童游憩区域	50 年一遇	
高尔夫球场	100 年一遇	
停车场	50 年一遇	最大水深不超过 0.3m

1.3.3　国内城市道路内低影响开发设施研究现状

城市大规模的道路空间不仅是重要的交通要道，也是城市内涝基础设施建设的重要载体和"海绵体"。然而在城市道路建设过程中，下垫面不透水率增加、竖向设计不合理、排水设施设计标准偏低和排水系统运行管理不善等因素可能导致路面积水，道路自身的不透水性加重了道路排水压力和实现低影响开发控制目标的难度。近年来，随着低影响开发理念在我国的不断推广，低影响开发道路也得到了一定应用，一批具有试点示范性质的低影响开发道路在我国部分城市建设完成并正在使用运行。国内外研究人员针对城市道路积水问题提出了一些新的解决办法，如从城市规划层面提出道路径流雨水源头减排目标，在规划设计中由专业人士相互协调加以落实；恢复城市河道坑塘，建造多功能调蓄设施；将道路绿化带改造为下沉式，或进一步改为生物滞留带；采用透水材料代替原有不透水路面等。

我国部分学者针对道路低影响开发设计进行了研究，集中在道路生物滞留系统的设计应用、实施效果的监测和评价、产汇流机理的研究等。王文亮[14] 就生物滞留设施的设计方法等方面进行了研究，对生物滞留设施径流量控制和峰值流量削减进行了理论计算。陈宏亮[15] 则在关于城市道路与低影响开发系统的平面布局衔接、竖向系统衔接、设计标准衔接等方面作了大量研究；高晓丽[16] 对道路生物滞留系统中生物滞留设施填料方面作了相关研究；针对道路积水问题，目前国内在实际应用中采用工程性、末端措施居多，原位渗-滞设施由于缺乏对其作用机理和控制方法的掌握限制了其推广应用，因此，亟需系统性地研究城市道路渗-滞设施对缓解道路积水效果的作用机理与方法。王庆[17] 针对国内海绵城市道路系统研究仅限于透水路面、生物滞留带单一设施的现状，研究了透水路面与生物滞留组合系统产汇流的过程和机理，以更加科学合理地进行工程设计。李小宁[18] 通过应用 In-foWorksICM 软件建立不同情景下道路的二维——维耦合模型，模拟分析了传统道路及道路-滞留带情景中不同因素对于道路路面径流排水比例、管线峰值流量削减、峰值滞后等的影响，分析评价了不同因素的影响大小，结合低影响开发的理念以及构建大排水系统的方法为城市道路优化设计提供了思路。

近年来城市广场、公园、公共绿地等主要开放空间的设计融入了低影响开发设计理念，与传统的规划设计相比不再仅仅局限于满足单一的景观效果。例如公园绿地的修建是改善城市人居生态环境和恢复城市水循环系统最有效的途径，然而传统的城市公园规划设计只重视景观效果和物种选择等外在表现形式，忽略了其调蓄雨水、生态调节等内在功能，造成城市公园雨水管理功能的缺失。低影响开发设计理念以其可持续的雨水管理方式来达到长期的生态效益和社会效益而受到国内学者的广泛关注。

当前城市开发空间的低影响开发系统设计的研究主要集中在规划设计、场地布局、实施效果等方面。何丹[19] 以公园绿地作为应对较大规模的雨水径流量的场地，对场地内部产生以及外部引入的雨水径流利用的设计进行研究；彭乐乐[20] 在海绵城市及相关理论基础上，结合雨水径流的源头、中端、末端的雨洪路径，从整体规划到局部设计，提出了海绵城市目标下的公园规划设计方法；王家福[21] 对不同渗滤介质对雨水径流污染物去除效果的研究分析，研究了模拟绿地装置对于城市雨水径流中污染物的去除效果，确定了西北地区绿地系统的最佳草种及装置运行的最佳参数；同时我国学者对 LID 措施模拟研究工作的开展已有不少案例，李岚等[22] 利用暴雨洪水管理模型（SWMM）模拟了天津市某小区开发前后的区域出口流量过程线，并评价了调蓄池和下凹绿地对小区内雨水径流的影响情况；王文亮等[23] 利用 SWMM 对 LID 措施的雨洪控制效果进行了模拟，对设计场降雨事件及连续降雨事件的模拟表明，场地 LID 雨水系统设计可实现峰值流量及年径流外排率恢复到开发前的状态，LID 设施对污染物的削减效果显著。多功能雨水调蓄技术是解决开发空间雨水问题的主要手段之一，它以调蓄暴雨峰流量为核心，把排洪减涝、雨洪利用与城市的景观、生态环境和城市其他一些社会功能更好地结合，高效率地利用城市宝贵土地资源。张海龙等[24] 介绍了多功能雨水调蓄技术在辽宁省大连庄河市昌盛片区开发建设中的应用，提出了以多功能雨水调蓄设施为主体，多种源头减排设施相配合的多目标雨水系统构建模式。

1.3.4 城市径流雨水中 DOM 及其与污染物相互作用研究现状

城市径流雨水中有机质主要来源于土壤有机质、植物枯枝落叶、鸟类粪便、城市垃圾和石油的副产品等。有机质不仅是一种污染物，会引起水体 COD 升高，而且具有很强的反应活性和迁移性，特别是 DOM 可作为径流雨水中各种污染物的底物，在氮、磷及其他污染物生物地球化学循环中具有重要的作用。有研究认为DOM 是以芳香化合物微波核心的多种有机化合物通过氢键聚合而成的具有三维结构的微聚集体[25]。DOM 组分很难被确认，主要包括脂肪酸、芳香酸、单糖、低聚糖和低分子量的富里酸，高分子量的主要包括结构复杂的富里酸和胡敏酸[26-28]。目前有一些研究通过高效体积排除色谱法、高效液相色谱法、紫外可见光谱、红外光谱以及荧光光谱等方法对土壤、沉积物及水体中的有机质进行分离和表征，已经获得了一些有关 DOM 来源及其功能等方面的信息[29-31]，但针对城市不同功能区径流雨水中 DOM 组分结构特征系统研究还未见报道。因此，针对城市不同功能区降雨过程径流雨水中 DOM 适当分离和分子结构表征是进一步理解其在 LID 设施中作用的关键。

重金属在雨水利用设施中的生物有效性及其可移动性与其浓度、存在的形态和载体对其吸附能力有关[32]。住宅区和道路径流雨水中重金属浓度较高，且不同区域组成差异大。Pb、Zn、Mn 和 Cu 主要来自道路污染，Zn 和 Cu 同时也来自于屋面和排水管[33]。汽车净化器中催化剂的铂族金属也开始受到关注，在城市雨水湿地和渗透池中检测到铑（Rh）、钯（Pd）、铂（Pt）[34]。水环境中多数金属离子与有机质形成配合物，DOM 对重金属的活化、迁移和生物效应有着重要的影响，其形式主要有竞争吸附和配合机制[35,36]。Seo 等[37] 采用同步荧光光谱和修正型 Stern-Volmer 方程，研究了 DOM 与 Cu（Ⅱ）的配位，发现芳香族氨基酸类荧光基团是 Cu（Ⅱ）的重要配体。Chai 等[38] 联合三维荧光光谱和 Ryan-Weber 方程对 DOM 与 Hg（Ⅱ）的配位进行了研究，发现胡敏酸（HA）与 Hg（Ⅱ）结合力强。McGeer 等[39] 研究了 DOM 对虹鳟鱼（*Oncorhynchus mykiss*）暴露于 Cu 溶液中的影响，发现 DOM 中的胡敏酸（HA）显著地缓解了 Cu 的生物有效性和毒性。Kalis 等[40] 研究发现，与 DOM 具有较强结合力的 Cu^{2+}、Pb^{2+}、Fe^{2+} 的配合作用可能导致结合力弱的 Cd^{2+}、Zn^{2+}、Mn^{2+} 的吸收强度降低。由于径流雨水中 DOM 是非常复杂的混合物，其结构特征差异对重金属迁移转化和生物效应影响差别很大，进一步研究城市不同功能区径流雨水中不同组分 DOM 与重金属的结合特征及其对重金属生物有效性的影响，可以深入理解雨水利用过程中重金属对人体及水生态环境健康风险的影响。

DOM 能与疏水性有机污染物（Hydrophobic Organic Contaminants，HOCs）形成配合物，或通过竞争沉积物颗粒表面的吸附位点而减少沉积物对 HOCs 的吸附[41]。在城市径流雨水中有机污染物主要为多环芳烃（Polycyclic Aromatic Hydrocarbons，PAHs）和多氯联苯（Polychlorinated Biphenyls，PCBs）。PAHs 主要产生于沥青路面磨损和汽油燃烧，PCBs 来自燃油和化石燃料的燃烧[42]。有研究表明城市地表径流沉积物和颗粒物中 PAHs 的含量<0.09～80mg/kg，且 PAHs 的含量随颗粒物粒径的减小而升高，分子量小的 PAHs 更易于迁移[43]，Raber 等[44] 的研究表明，DOM 与 PAHs 的配合显著提高沉积物中 PAHs 含量。不同结构的 DOM 与 HOCs 的相互作用的结合能、吸附速率、解吸速率均存在着差异[45]。DOM 的芳香性和有机污染物分配系数 K_{oc} 值之间的关系有很多的研究，有研究表明 C/O 比有机质含量与分配系数 K_{oc} 之间的关系更为紧密[46]，K_{oc} 值随有机质的芳香性增加而增加[47]。核磁共振研究发现，有机质的芳香性越高，吸附等温线越非线性，Salloum 等[48] 的研究结果表明环境中有机质富含脂肪族碳比芳香碳如 HA 和木质素有同样或更大的吸附能力。Chin 等[49] 研究认为 DOM 的分子量与芳香性同时对与芘的配合作用产生影响。Chefetz 等[50] 研究又认为 K_{oc} 与 DOM 中脂肪族碳和芳香碳同等重要。可见，目前 DOM 对有机污染物环境行为的影响机制以及与有机污染物的结合方式还不清楚，因此，对城市径流雨水中不同组分 DOM 与有机污染物结合机理系统研究，有助于了解不同功能区降雨过程 DOM

结构特征变化对有机污染物迁移及生物有效性的影响。其次，新型污染物已经成为众多学者研究的主要对象，然而关于溶解性有机质自身性质变化对 PPCPs 的影响的规律及机理却少有报道，研究溶解性有机质变化对 PPCPs 的影响可以有效控制城市雨水径流中 PPCPs 迁移转化、生物有效性和生物地球化学循环，防止污染物危害人体健康。

综上分析，鉴于雨水中典型污染物（有机质、重金属、有机污染物及新型污染物）在 LID 设施中相互作用过程的复杂性，需要综合利用多种分析技术表征城市不同功能区降雨过程 DOM 特征变化及其与重金属和有机污染物结合的过程，研究城市不同区域 DOM 结构变化对重金属及有机污染物配合的影响，并通过实验模拟进一步研究 DOM 对重金属和有机污染物迁移转化及生物有效性的影响。本书的研究成果可深入对雨水中典型污染物相互作用、迁移转化及其环境效应的认识，有助于更好地利用雨水保障城市水资源补给。

参 考 文 献

[1] Dietz S, Neumayer E. Weak and strong sustainability in the SEEA: Concepts and measurement [J]. Ecological Economics, 2007, 61 (4): 617-626.

[2] Alsharif K. Construction and stormwater pollution: Policy, violations, and penalties [J]. Land Use Policy, 2010, 27 (2): 610-616.

[3] 住房和城乡建设部. 海绵城市建设技术指南——低影响开发雨水系统构建（试行）[S]. 2014.

[4] 车武, 李俊奇. 城市雨水利用技术与管理 [M]. 北京：中国建筑工业出版社, 2006.

[5] 尹澄清. 城市面源污染的控制原理与技术 [M]. 北京：中国建筑工业出版社, 2009.

[6] 张书函, 孟莹莹, 陈建刚. 城市雨水利用措施的灾害防御作用 [J]. 水利水电科技进展, 2010, 30 (5): 19-23.

[7] Collins K A, Lawrence T J, Stander E K, et al. Opportunities and challenges for managing nitrogen in urban stormwater: A review and synthesis [J]. Ecological Engineering, 2010, 36 (11): 1507-1519.

[8] Watanabe S. Study on storm water control by permeable pavement and infiltration pipes [C]// Innovative Technologies in Urban Storm Drainage, 1995.

[9] Fassman E. Stormwater BMP treatment performance variability for sediment and heavy metals [J]. Separation & Purification Technology, 2012, 84: 95-103.

[10] Kuang X, Sansalone J, Ying G, et al. Pore-structure models of hydraulic conductivity for permeable pavement [J]. Journal of Hydrology (Amsterdam), 2011, 399 (3-4): 148-157.

[11] Brown R A, Borst M. Nutrient infiltrate concentrations from three permeable pavement types [J]. Journal of Environmental Management, 2015, 164: 74-85.

[12] Winston R J, Dorsey J D, Hunt W F. Quantifying volume reduction and peak flow mitigation for three bioretention cells in clay soils in northeast Ohio [J]. Science of The Total Environment, 2016, 553: 83-95.

[13] Brown R A, Skaggs R W, Hunt W F. Calibration and validation of DRAINMOD to model bioretention hydrology [J]. Journal of Hydrology, 2013, 486: 430-442.

[14] 王文亮, 李俊奇, 车伍, 等. 城市低影响开发雨水控制利用系统设计方法研究 [J]. 中国给水排水, 2014, (24): 12-17.

[15] 陈宏亮. 基于低影响开发的城市道路雨水系统衔接关系研究 [D]. 北京：北京建筑大学, 2013.

[16] 高晓丽. 道路雨水生物滞留系统内填料的研究 [D]. 太原：太原理工大学，2014.

[17] 王庆，钟奇，李望平，等. 基于降雨过程的渗透型低影响开发设施的容积计算 [J]. 中国农村水利水电，2017，(11)：84-88.

[18] 李小宁. 城市道路雨水排放及控制效果影响因素分析 [D]. 北京：北京建筑大学，2015.

[19] 何丹. 北京地区公园绿地雨水利用设计研究 [D]. 北京：北京林业大学，2014.

[20] 彭乐乐. 海绵城市目标下的公园绿地规划设计研究 [D]. 福州：福建农林大学，2016.

[21] 王家福. 绿地系统处理城市雨水径流的实验研究 [D]. 兰州：兰州交通大学，2013.

[22] 李岚，邢国平，赵普. 城市小区雨水利用的模拟分析 [J]. 四川环境，2011，30 (4)：56-59.

[23] 王文亮，李俊奇，宫永伟，等. 基于 SWMM 模型的低影响开发雨洪控制效果模拟案例 [C]// 城市雨洪管理国际研讨会，2012.

[24] 张海龙，林翔，郑宇，等. 庄河市多功能雨水调蓄技术应用与案例研究 [J]. 建设科技，2016，(15)：30-31.

[25] Sun X，Davis A P. Heavy metal fates in laboratory bioretention systems [J]. Chemosphere，2007，66 (9)：1600-1609.

[26] Henry V M. Association of hydrophobic organic contaminants with solube organic matter：Evaluation of the database of Koc values [J]. Adv Environ Res，2002，6：577-593.

[27] Hedges J I. The molecularly-uncharacterized component of nonliving organic matter in natural environments [J]. Organic Geochemistry，2000，31：945-958.

[28] Guo X，Yuan D，Jiang J，et al. Detection of dissolved organic matter in saline-alkali soils using synchronous fluorescence spectroscopy and principal component analysis [J]. Spectrochimica Acta Part A：Molecular and Biomolecular Spectroscopy，2013，104 (3)：280-286.

[29] Guo X，He L，Li Q，et al. Investigating the spatial variability of dissolved organic matterquantity and composition in Lake Wuliangsuhai [J]. Ecological Engineering，2014，(62)：93-101.

[30] Yuan D，Guo N，Guo X，et al. The spectral characteristics of dissolved organic matter from sediments in Lake Baiyangdian，North China [J]. Journal of Great Lakes Research，2014，3 (40)：684-691.

[31] Yuan D，Cui J，He L，et al. Using spectra technologies to investigate the spatial distribution variability of dissolved organic matter (DOM) in lake Baiyangdian，China [J]. Fresenius Environmental Bulletin，2015，24 (3)：839-848.

[32] Rangsivek R，Jekel M R. Natural organic matter (NOM) in roof runoff and its impact on the Fe-0 treatment system of dissolved metals [J]. Chemosphere，2008，71：18-29.

[33] Li L Y，Hall K，Yuan Y. Mobility and bioavailability of trace metals in the water sediment system of the highly urbanized brunette watershed [J]. Water，Air and Soil Pollution，2009，197：249-266.

[34] Eriksson E，Baun A，Scholes L. Selected stormwater priority pollutants：A European perspective [J]. Science of the Total Environment，2007，383：41-51.

[35] Jan E G，Gerwin F K，Androb N J C. Uncertainty Analysis of the Nonideal Competitive Adsorption-Donnan Model：Effects of Dissolved Organic Matter Variability on Predicted Metal Speciation in Soil Solution [J]. Environ. Sci Tech，2010，44：1340-1346.

[36] Guo X，Yuan D，Li Q，et al. Spectroscopic techniques for quantitative characterization of Cu (II) and Hg (II) complexation by dissolved organic matter from lake sediment in arid and semi-arid region [J]. Ecotoxicology and Environmental Safety，2012，85：144-150.

[37] Seo D J，Kim Y J，Ham S Y，et al. Characterization of dissolved organic matter in leachate discharged from final disposal sites which contained municipal solid waste incineration residues [J]. J Hazard Mater，2007，148：679-692.

[38] Chai X，Liu G，Zhao X，et al. Complexion between mercury and humic substances from different landfill stabilization processes and its implication for the environment [J]. J Hazard Mater，2012，209-210：59-66.

[39] McGeer J C，Szebedinszky C，McDonald D G. The role of dissolved organic carbon in moderating the bioavailability and toxicity of Cu to rainbow trout during chronic waterborne exposure [J]. Comp Bio-

chem Physiol Toxicol Pharmacol，2002，133（1-2）：147-160.

[40] Kalis E J，Temminghoff E J，Weng L. Effects of humic acid and competing cations on metal uptake by Lolium perenne [J]. Environ Toxicol Chem，2006，25（3）：702-711.

[41] Enrique B，Maria-Soledad A，Pierre B，et al. Pesticide desorption from soils facilitated by dissolved organic matter coming from composts：experimental data and modelling approach [J]. Biogeochemistry，2011，106：117-133.

[42] Comelissen G，Pettersen A，Nesse E. The contribution o f urban runoff to organic contaminant levels in harbour sediments near two Norwegian cities [J]. Marine Pollution Bulletin，2008，56：565-573.

[43] Dong T T T，Lee B K. Characteristics，toxicity and source apportionment of polycyclic aromatic hydrocarbons（PAHs）in road dust of Ulsan Korea [J]. Chemosphere，2009，74：1245-1253.

[44] Raber B，Kögel-Knabner I，Stein C. Partitioning of polycyclic aromatic hydrocarbons to dissolved organic matter from different soils [J]. Chemosphere，1998，36（1）：79-97.

[45] Joris J H H，Harrie A J G，John R P. Influence of temperature and origin of dissolved organic matter on the partitioning behavior of polycyclic aromatic hydrocarbons [J]. Environ Sci Pollut Res，2010，17：1070-1079.

[46] Ganaye V A，Keiding K，Vogel T M，et al. Evaluation of soil organic matter polarity by pyrene fluorescence spectrum variations [J]. Environ Sci Tech，1997，31：2701-2706.

[47] Ran Y，Xiao B H，Huang W L，et al. Kerogen in an aquifer material and its strong sorption for noninonic organic pollutants [J]. Environ Qual，2003，32：1701-1709.

[48] Salloum M J，Dudas M J，McGill W B. Variation of 1-naphthol sorption with organic matter fractionation：the role of physical conformation [J]. Organic Geochemistry，2001，32：709-719.

[49] Chin Y P，George R A，Karlin M D. Binding of pyrene to aquatic and commercial humic substances：the role of molecular weight and aromaticity [J]. Environ Sci Tech，1997，31：1630-1635.

[50] Chefetz B，Deshmukh A P. Pyrene sorption by natural organic matter [J]. Environ Sci Tech，2000，349（14）：2925-2930.

2　城市道路与开放空间低影响开发设施

城市化的快速发展使得城市不透水面积骤增，导致自然水文循环改变[1,2]，当降雨发生时，尤其是连续降雨和暴雨，在不透水表面汇合形成径流冲刷路面，而由于人类活动的频繁度及形式多样性的加剧，导致径流雨水中的污染物种类及含量显著增加，如 N、P 等营养物质及重金属和其他有机污染物[3-5]，袁铭道[6] 等的研究表明有近 70 种重点污染物出现在路面径流中。城市水环境中的污染物主要来自雨水径流，城市化给城市的自然循环功能带来了严重的危害[7]。地表雨水污染程度相当于生活污水，随着城市人口的急剧增加，城市水资源短缺、水污染严重等问题日益突出，这严重制约着社会及城市的可持续发展。而人类对地下水资源的不断利用又加剧了地下水水量的降低，引起水质恶化、地面沉降，增加下游排放量，对受纳水体的水质造成威胁。雨水径流污染、水资源短缺等水环境问题不仅严重阻碍了国家的经济发展，还威胁到人民的生命和财产等安全。因此对于径流雨水的污染控制、回收和利用势在必行。

为此习近平主席在 2013 年提出大力推行像海绵一样能够吸收和储存水，但同时兼具净、释等功能的可持续的海绵城市的建设[8]，来增强各城市防洪抗灾能力，改善城市水循环自然功能及生态环境，其核心设施为低影响开发（LID）设施。LID 这一概念最早由美国提出[9]，其主要目的为将雨水管理及控制设施的设计完全融入整个城市的规划和设计当中，来延缓产流时间、减少峰值流量、提高雨水径流水质，从而使得开发后的城市水文循环功能接近开发前。因此为了缓解城市径流雨水污染、城市内涝及水资源短缺，越来越多的 LID 设施被广泛应用到我国各城市设计当中，这些设施主要有：植草沟、生态树池、渗透铺装、绿色屋顶、生物滞留设施、雨水花园和生态护坡等[10-13]，它们主要是从源头、中途和末端三方面对污染物进行控制。但是目前针对 LID 设施方面的研究主要是关于 LID 设施对雨水径流的水量的控制，总悬浮颗粒物、营养物（C、N、P）、重金属（Cu、Pb、Zn等）、有机质等污染物质的去除效果，但是关于径流雨水中 DOM 在 LID 设施中的迁移变化及其对重金属的影响的研究甚少。城市径流污染已然成为我国城市面源污染的主要来源，而地表径流中的重金属和有机污染物的浓度高且危害严重。众所周知，径流中的有机污染物主要为 DOM，其结构复杂且含有大量的活性官能团（如羟基、羰基、羧基等）而易与共存的重金属离子发生配合作用，从而影响重金属的存在形态、迁移性及生物有效性，进而影响重金属对所处的生态系统产生相应的环境效应[14-17]。因此本书的主要目的在于探讨 LID 设施对径流雨水中的 DOM 的迁移变化及其与重金属相互作用的影响，并通过分析这种变化来评价 LID 设施的环境效益，为更好地选用合适的 LID 设施缓解城市水污染、水资源短缺问题及为海绵城市建设提供理论和技术支撑，具有重要的现实意义。

2.1　城市道路低影响开发设施

2.1.1　植草沟

植草沟是指表层种植低矮和草本植物的地表沟渠（图 2-1），主要建于道路两侧[18,19]，植草沟最开始被用于农业面源污染的控制，后来才逐渐被应用到市政工程中[20]，一般由植被层、土壤层和底层渗排层三部分组成，且通常伴有溢流堰和消能坝等附属设施。植草沟因具有建造费用少、运行管理方便、美化景观等优点而能够完全取代传统雨水管道，但是植草沟需要适当的维护来防止土壤的侵蚀。其作为雨水地表径流进入城市水体前的预处理设施，主要通过沉淀、渗透、过滤、截留和微生物的降解等过程来削减地表径流量和径流雨水中的污染物，进而减少地表径流对下游水体的污染[21,22]。Jia 等[23] 对中国华南地区的 19 场暴雨事件的研究表明植草沟对峰值流量和径流量的削减率分别为 17%～79% 和 9%～74%。Lucke等[24] 的研究表明植草沟对地表径流雨水中 TSS 的去除率为 50%～80%，且其对TSS 的去除率很大程度上受进水 TSS 浓度的影响。Roseen 等[25] 的研究结果表明植草沟对溶解态氮的去除效果受季节变化影响较小，而对其他污染物（TSS、TP、Zn 和石油类化合物）的去除效果夏季优于冬季。有研究者表明，大多数重金属主要积累在植草沟表层的 5cm 的土壤中，且部分重金属的含量不随土壤深度的变化而变化[26-28]。Ingvertsen 等[29] 还发现重金属在土壤中的迁移与种植土壤中的有机质的含量呈显著正相关。

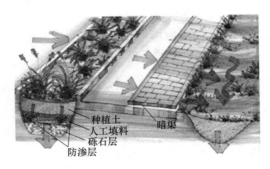

种植土
人工填料
砾石层
防渗层
暗渠

图 2-1　植草沟

2.1.2　渗透铺装

渗透铺装是由各种人造材料铺设的具有透水性的硬质地面（图 2-2），其能够加快雨水的下渗速度、削减地表径流和峰值流量、临时储存地表径流，允许其缓慢地渗入到下层土壤，在一定程度上能够补充地下水，且该设施具有操作简单和管理维护方便等优点[18,30]。渗透铺装有不同的类型：块石铺装、塑料网格系统、多孔沥青、多孔混凝土[31]。渗透铺装被广泛应用于人行道、停车场、道路及广场等硬质路面。有研究者发现透水性联合混凝土铺装和混凝土网格铺装能够储存 6 mm 的降雨量而不产生径流[32]。有些渗透铺装孔隙中能够种植抗压较强的草本植物，增加景观效果的同时，还能够净化水质。一些研究表明透水性铺装对 TSS 及营养物质的去除率为 0~94%，重金属的平均去除率为 20%~99%[33]。Myers 等[34] 的研究表明储存在透水性铺装的雨水径流经过持续 144h 的净化能够去除 94%~99% 的 Zn、Cu 及 Pb。

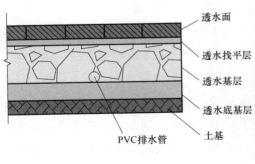

透水面
透水找平层
透水基层
透水底基层
土基
PVC排水管

图 2-2　渗透铺装

2.1.3　生态树池

　　生态树池作为一种小型生物滞留设施，一般由种植土层、砂滤层、排水系统以及灌乔木组成（图2-3），能够有效地处理地表径流，改善城市生态环境；同时，能够在一定程度上延缓洪峰形成时间，削减洪峰流量，减少雨水管道系统的防洪压力，从而缓解洪涝灾害带来的损失；旱季时还能反补行道树，节约水资源，缓解水资源压力。生态树池相比于植草沟、雨水花园等低影响开发设施，占地面积小，应用灵活，适用于无绿化带道路及用地较紧张的场地建设。

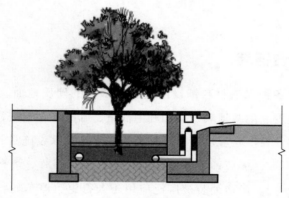

图 2-3　生态树池

2.2　城市开放空间低影响开发设施

2.2.1　绿色屋顶

　　绿色屋顶也称自然屋顶、生态屋顶或植物屋顶覆盖（图2-4），绿色屋顶根据景观的复杂程度和种植基质的厚度，又分为简单式和花园式[18]。简单式的绿色屋顶结构主要由四个部分组成，即植被层、基质层、过滤层和排水层。植被层中的植物种类的选择需要因地制宜，同时具有耐旱、耐热、耐贫瘠等特点。基质层主要为植物提供生长所需的营养物质及滞留部分径流雨水。过滤层是为了防止营养物质的流失。排水层滞留部分雨水，且将多余的雨水排出，同时兼具防水功能，可以防止雨水下渗而破坏下层建筑物结构。绿色屋顶巧妙地利用建筑外墙的空间来增加城市景观和改善自然水文循环受城市开发的影响。其能够通过植物和土壤的物理、化学和生物作用来有效地减少屋面径流总量和径流污染负荷，节能减排、净化空气，夏

海绵城市有机质输移环境效应

20

季降温、冬季保温[35,36]。Parizotto 等在巴西的试验结果表明，小面积（142m²）的绿色屋顶比硬化屋顶能够减少吸热量，同时增加放热量，而大面积（484m²）的绿色屋顶能够使屋面温度降低 5 ℃左右，能够有效地缓解"城市热岛效应"的问题[37]。Moran 等在戈尔兹伯勒地区的试验表明，绿色屋顶能够有效地截留雨水，当基质的厚度为 10 cm 时能够吸纳 63% 的雨水[38]。简单式绿色屋顶对于重金属 Cu^{2+}、Zn^{2+}、Pb^{2+}、Cd^{2+} 具有较好的去除效果[39]，同时其还能够有效地缓解雨水酸化，可以使雨水的 pH 由 5 上升到 8 左右[40]。花园式绿色屋顶对无机盐类的去除率也较高，如对 TN 的去除率达到了 74%，NH_3-N 的去除率达到 85%，硝酸盐的去除率为 91%，TP 的去除率为 90%[41,42]。然而也有一些研究表明，绿色屋顶由于本身种植基质营养物质的溶出而成为污染物的释放源[43]。有报道称绿色屋顶的基质材料如煤渣、陶粒、火山岩、粗玻岩及松树皮堆肥都是绿色屋顶中污染物的释放源[44,45]。

图 2-4　绿色屋顶

2.2.2　生物滞留池

生物滞留池是指通过设施中的植物、土壤及其中微生物系统来对雨水径流进行蓄、渗、净化的设施（图 2-5），一般位于地势较低的区域[18]，由植被层、覆盖层、介质层和卵石层等组成，且各个部分的功能各不相同。植被层能够防止水土流失、固定土壤、拦截部分径流及作为景观美化环境，且植物根系可以吸收水分及雨水径流中的部分污染物；覆盖层主要是为植物层提供生长基质和营养物质及促进污染物的分解；介质层能够滞留部分径流和吸附污染物；卵石层主要作用为储水和排水。生物滞留设施为一个动态的、活的微型生态系统[46]。该设施能够通过植物、土壤和微生物的物理、化学及生物特性来有效地减少地表径流污染物，且还具有景观功能[47,48]。美国马里兰等州的一系列试验表明新近的生物滞留设施对雨水的峰值流量的平均削减率能够达到 40%～97%[49-56]。Luell 等[57] 通过时间跨度为 13 个月的试验对生物滞留设施的监控发现 84% 的 TN 和 50% 的 TSS 能够被生物滞留设施所截留。也有研究者发现滞留设施对 TSS 的去除率达到 76%，对 P 的去除率在 70%～85% 之间，对 TKN（凯氏氮）的去除率在 55%～65% 之间[58]。在水质上，其对 Zn（几乎 100%）、Cu（69%）、NH_3-N（51%）、TN（49%）都具有较好的去除效果，对 COD 的去除率为 18%，且随着生物滞留设施年限的增加，其对污染物的去除效果也有所增加[59]。生物滤池对污染物的滞留效果受很多因素的影响：滤池体积、植物类型、地域差异、使用年限等[59-63]。

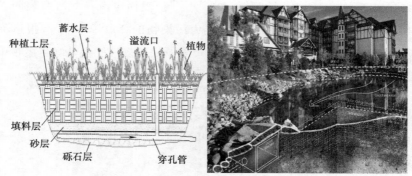

图 2-5　生物滞留池

2.2.3　雨水花园

雨水花园是一种利用浅凹绿地的生态设施（图 2-6），能够汇聚、储存、吸收和净化多余的雨水补充地下水，同时可作为城市景观用水，缓解洪涝、水资源短缺

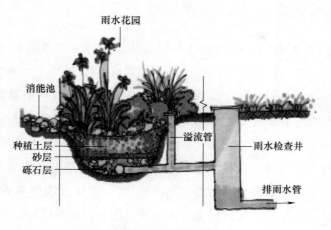

图 2-6　雨水花园

和水污染，提高水资源利用率。雨水花园主要由5个部分组成：蓄水层、覆盖层、植被及种植土层、人工填料层和砾石层。蓄水层为暴雨提供短暂的储存空间，使部分沉淀物在此层沉淀。覆盖层一般用树皮进行覆盖，对雨水花园起着重要的作用，可以保持土壤的湿度，避免土壤板结从而影响土壤渗透效果，其次还可以在树皮-土壤界面营造一个微生物环境，有利于微生物的生长和有机质的降解。

2.2.4 生态护坡

生态护坡是指将工程力学、生态学、植物学和土壤学等学科综合起来进行考虑，形成工程与植物相结合的护坡（图2-7）。生态护坡相对于传统工艺的混凝土护坡，其能够减少水土流失、保护生物多样性、维持生态平衡以及优化生态环境。日本最早开展了这方面的研究，他们提出了"亲水"这一概念，并且将其在生态护坡技术方面付诸了实践，推出了植被型生态混凝土护坡技术。我国生态护坡技术的发展最近几年也蒸蒸日上，科研工作者研发了不同条件下应用植被草、土工材料绿化网、植被型生态混凝土等多样的生态护坡技术。

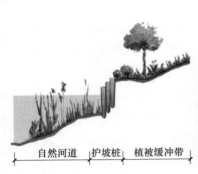

图 2-7 生态护坡

2.2.5 土壤渗滤系统

土壤渗滤系统作为蓄水池等雨水储存设施的配套雨水设施，能够在收集雨水的同时进行土壤渗滤和净化，通过穿孔管将收集的雨水排入次级净化池或储存在渗滤池中；降雨强度较大时，雨水可通过土壤渗滤的表层水经过水生植物初步过滤后排入初级净化池中（图2-8）。其处理后的水能达到回用水水质要求，适用于有水系周边绿地，净化效果好，易与景观结合。

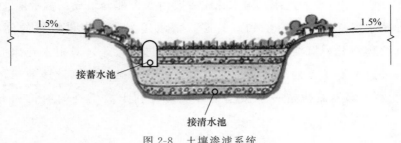

图 2-8　土壤渗滤系统

2.3　低影响开发设施对溶解性有机质的影响及其与共存物质的相互作用

DOM 代表一类能够溶解在水体中的有机质,是一种由芳香族和脂肪族组成的有机质混合物,它包含了由氧、氮、硫等元素组成的各种官能团,例如羧基、苯酚、乙醇、烯醇、羰基、胺、硫醇等[64,65]。DOM 不仅仅是大自然中碳循环的有机组成成分,同时还影响着天然水体中污染物的生物地球化学进程、颗粒的稳定性和转输过程、与金属的配合反应、在水处理中的消毒副产物的产生等过程[66-68]。自然界水中的大部分 DOM 都是起源于陆生环境中,然而在天然水循环过程中,生物和非生物进程的变化都会影响 DOM 的有效性、迁移转换、释放和滞留,最终会间接影响其在水中的碳循环和全球化进程。

众所周知,LID 设施能够有效地去除污染物,净化水质,比如 TN、TP、TSS、COD 和重金属等,其实,LID 设施对 DOM 也会产生一定的影响,但这一部分的研究在学术界很少涉及。LID 设施对 DOM 中的类腐殖酸物质和类蛋白物质均有一定的去除效果。刘钰钦[69] 通过 3D-EEMs、UV-Vis 和同步荧光光谱对绿色屋顶和植草沟中的 DOM 研究发现,经过绿色屋顶装置的出水的芳香化程度和腐殖化程度增加,这可能是基质层有机污染物的溶出所致;植草沟对类蛋白物质和类腐殖酸物质都具有去除效果,特别是植草沟的土壤层,对类蛋白物质的去除率强于类腐殖酸。

2.4　共存物质与溶解性有机质在低影响开发设施中的相互作用

与 DOM 在 LID 设施中相互作用的物质多为重金属,重金属作为径流雨水中

海绵城市有机质输移环境效应

的主要污染物，因其毒性大、降解困难、易累积于土壤中等特征，在工业区、广场、停车场、汽车修理厂等场地造成的污染尤为严重，其一旦通过食物链转移，就会对动植物甚至人类的健康造成巨大的影响[70]。而径流雨水中的 DOM 组分复杂，且可以通过与金属离子配合形成金属配合物，从而影响到金属的存在形态，极其可能会对城市水环境造成较大风险，因此对 DOM 各组分与径流雨水中典型金属离子的配合机制的研究是极其重要的。Yuan 等[71]研究发现，植草沟会对 DOM 和 Pb 的配合位点和配合顺序产生重要影响，DOM 中类蛋白物质对 Pb 的加入更加敏感。刘钰钦[69]研究发现，经过植草沟预处理之后的表层出水 DOM 与 Cu^{2+} 的配合位点和配合能力增加，底部出水 DOM 与 Cu^{2+} 的配合能力减弱，而植草沟表层出水和底部出水与 Pb^{2+} 的配合能力都有所减弱，但是底部出水降低得更为明显。其次，新型污染物已经成为众多学者研究的主要对象，然而关于溶解性有机质自身性质变化对 PPCPs 影响的规律及机理却少有报道，研究溶解性有机质变化对 PPCPs 的影响可以有效控制城市雨水径流中 PPCPs 迁移转化、生物有效性和生物地球化学循环，防止污染物危害人体健康。

参 考 文 献

[1] Barbosa A E, Fernandes J N, David L M. Key issues for sustainable urban stormwater management [J]. Water Res, 2012, 46 (20): 6787-6798.

[2] Shen Z Y, Liu J, Aini G, et al. A comparative study of the grain-size distribution of surface dust and stormwater runoff quality on typical urban roads and roofs in Beijing, China [J]. Environ Sci Pollut Res, 2016, 23 (3): 2693-2704.

[3] Federal Interagency Stream Restoration Working Group (US). Stream corridor restoration: principles, processes, and practices [M]. US: Federal Interagency Stream Restoration Working Group, 1998.

[4] Chua L H C, Lo E Y M, Shuy E B, et al. Nutrients and suspended solids in dry weather and storm flows from a tropical catchment with various proportions of rural and urban land use [J]. Environ Manage, 2009, 90 (11): 3635-3642.

[5] Zhao H, Li X. Understanding the relationship between heavy metals in road-deposited sediments and washoff particles in urban stormwater using simulated rainfall [J]. Hazard Mater, 2013, 246 (15): 267-276.

[6] 袁铭道. 美国水污染控制和发展概况 [M]. 北京: 中国环境科学出版社, 1986.

[7] Hatt B E, Fletcher T D, Walsh C J, et al. The influence of urban density and drainage infrastructure on the concentrations and loads of pollutants in small streams [J]. Environmental Management, 2004, 34 (1): 112-124.

[8] 袁大洲. 海绵城市新概论 [J]. 现代园艺, 2016, (3): 167.

[9] Allen P, Davis W F, Hunt R G, et al. Bioretention Technology: Overview of Current Practice and Future Needs [J]. Journal of Environmental Engineering, 2009, 135 (3): 109-117.

[10] 黄俊杰, 沈庆然, 李田. 植草沟对道路径流的水文控制效果 [J]. 中国给水排水, 2016, 32 (3): 118-122.

[11] 李家科, 梁正, 程杨, 等. 生物滞留系统对城市路面径流的净化性能小型试验与模拟 [J]. 水土保持, 2016, 30 (2): 20-25.

[12] Franzaring J，Steffan L，Ansel W，et al. Water retention，wash-out，substrate and surface temperatures of extensive green roof mesocosms—Results from a two year study in SW-Germany [J]. Ecological Engineering，2016，94：503-515.

[13] Heusinger J，Weber S. Comparative microclimate and dewfallmeasurements at an urban green roof versus bitumen roof [J]. Build Environ，2015，92：713-723.

[14] Xiang L，He X S，Guo X J，et al. Changes in spectral characteristics and copper（Ⅱ）-binding of dissolved organic matter in leachate from different water-treatment process [J]. Arch Environ Contam Tocicol，2014，66（2）：270-276.

[15] Wu J，Zhan H，He P J，et al. Insight into the heavy metal binding potential of dissolved organic matter in MSW leachate using EEM quenching combined with PARAFAC analysis [J]. Water Research，2011，45（4）：1711-1719.

[16] Guo X J，He L S，Li Q，et al. Investigating the spatial variability of dissolved organic matter quantity and composition in lake Wuliangsuhai [J]. Ecological Engineering，2014，62（1）：93-101.

[17] Yuan D H，Guo X J，Wen L，et al. Detection of Copper（Ⅱ）and Cadmium（Ⅱ）binding to dissolved organic matter from macrophyte decomposition by fluorescence excitationemission matrix spectra combined with parallel factor analysis [J]. Environmental Pollution，2015，204：152-160.

[18] 海绵城市建设技术指南（试行）（下）——低影响开发雨水系统构建 [J]. 建筑砌块与砌块建筑，2015，2：42-52.

[19] Laurent M A，Bernard A E，Indrajeet C. Effectiveness of low impact development practices：Literature review and suggestions for future research [J]. Water，Air，& Soil Pollution，2012，223（7）：4253-4273.

[20] 魏鹏. 植被浅沟运行效果评价及改进设计研究 [D]. 北京：北京建筑大学，2014：1-66.

[21] USEPA（US Environmental Protection Agency）. Stormwater technology fact sheet. Vegetated swales [S]. Washington，DC：Office of Water，1999. EPA 832-F-99-006.

[22] Kirby J T，Durrans S R，Pitt R，Johnson P D. Hydraulic resistance in grass swales designed for small flow conveyance [J]. Hydraul Eng，2005，131（1）：65-68.

[23] Jia H F，Wang X W，Ti C P，et al. Field monitoring of a LID-BMP treatment train system in China [J]. Environ Monit Assess，2015，187：373.

[24] Lucke T，Mohamed M A K，Tindale N. Pollutant Removal and Hydraulic Reduction Performance of Field Grassed Swales during Runoff Simulation Experiments [J]. Water，2014，6（7）：1887-1904.

[25] Roseen R M，Ballestero T P，Houle J J，et al. Seasonal Performance Variations for Storm-Water Management Systems in Cold Climate Conditions [J]. Environmental Engineering，2009，135（3）：128-137.

[26] Backstrom M. Grassed swales for stormwater pollution control during rain and snowmelt [J]. Water Science and Technology，2003，48（9）：123-132.

[27] Wigington P J，Randall C W，Gnzzard T J. Accumulation of selected tracemetals in soils of urban runoff drainswales [J]. Water Resour Bull，1996，22（1）：73-79.

[28] Ingvertsen S T，Cederkvist K，Régent Y，et al. Assessment of Existing Roadside Swales with Engineered Filter Soil：Ⅰ. Characterization and Lifetime Expectancy [J]. Environmental Quality，2012，41（6）：1960-1969.

[29] Ingvertsen S T，Cederkvist K，Jensen M B，et al. Assessment of Existing Roadside Swales with Engineered Filter Soil：Ⅱ. Treatment Efficiency and in situ Mobilization in Soil Columns [J]. Environmental Quality，2012，41（6）：1970-1981.

[30] USEPA. Stormwater Technology Fact Sheet：Porous Pavement [S]. 1999.

[31] Dietz M E. Low impact development practices：A review of current research and recommendations for future directions [J]. Water Air Soil Pollut，2007，186（1-4）：351-363.

[32] Collins K A，Hunt W F，Hathaway J M. Hydrologic comparison of four types of permeable pavement and standard asphalt in eastern North Carolina [J]. J Hydrol Eng，2008，12（13）：1146-1157.

［33］ Ahiablame L M，Engel B A，Chaubey I. Effectiveness of low impact development practices：Literature review and suggestions for future research ［J］. Water Air Soil Pollut，2012，223（7）：4253-4273.

［34］ Myers B，Beecham S，Leeuwen J A. Water quality with storage in permeable pavement basecourse ［J］. Proceedings of the ICE-Water Management，2011，164（7）：361-372.

［35］ USEPA. Low impact development（LID），a literature review ［S］. Florida and Washington DC：United States Environmental Protection Agency，2000. EPA 841-B-00-005.

［36］ Miller C. Vegetated Roof Covers：A New Method for Controlling Runoff in Urbanized Areas ［C］//Proceedings from the 1998 Pennsylvania Stormwater Management Symposium. Villanova University，1998.

［37］ Jim C Y，Peng L L H. Weather effect on thermal and energy performance of an extensive tropicalgreen roof ［J］. Urban Forestry & Urban Greening，2012，11（1）：73-85.

［38］ Moran A，Hunt B，Smith J. Hydrologic and Water Quality Performance from Green Roofs in Goldsboro and Raleigh，North Carolina. Proceedings of the Third North American Green Roof Conference：Greening Rooftops for Sustainable Communities Conference，2005 ［C］// Toronto，Ontario：Green Roofs for Healthy Cities，2005.

［39］ Berndtsson J C. Green roof performance towards management of runoff water quantity and quality：A review ［J］. Ecological Engineering，2010，36（4）：351-360.

［40］ Bliss D J，Neufeld R D，Ries R J. Storm water runoff mitigation using a green roof ［J］. Environmental Engineering Science，2009，26（2）：407-417.

［41］ 王书敏，于慧，张彬，等. 屋顶绿化技术控制城市面源污染应用研究进展 ［J］. 重庆文理学院学报，2011，30（4）：59-64.

［42］ Teemusk A，Mander ü. Rainwater runoff quantity and quality performance from a green roof：The effects of short term events ［J］. Ecological Engineering，2007，30（3）：271-277.

［43］ Wang S M，He Q，Zhang J H，et al. The concentrations distribution and composition of nitrogen and phosphor in stormwater runoff from green roofs ［J］. Acta Ecologica Sinica，2012，32（12）：3691-3700.

［44］ Alsup S，Ebbs S，Retzlaff W. The exchangeability and leachability of metals from select green roof growth substrates ［J］. Urban Ecosystems，2010，13（1）：91-111.

［45］ Berndtsson J C，Emilsson T，Bengtsson L. The influence of extensive vegetated roofs on runoff water quality ［J］. Sci Total Environ，2006，355（1）：48-63.

［46］ Asleson B C，Nestingen R S，Gulliver J S，et al. Performance Assessment of Rain Gardens ［J］. Journal of the American Water Resources Association，2009，45（4）：1019-1031.

［47］ USEPA（US Environmental Protection Agency）. Stormwater technology fact sheet. Bioretention ［S］. Washington，DC：Office of Water，1999. EPA 832-F-99-012.

［48］ Maryland Bioretention Manual ［S］. Prince George's County：Department of Environmental Resources，2007.

［49］ Davis A P. Field performance of bioretention：Hydrology impacts ［J］. Hydrol Eng，2008，13（2）：90-95.

［50］ Davis A P，Hunt W F，et al. Bioretention technology：Overview of current practice and future needs ［J］. Environ Eng，2009，135（3）：109-117.

［51］ Dietz M E. Low impact development practices：A review of current research and recommendations for future directions ［J］. Water Air Soil Pollut，2007，186（1-4）：351-363.

［52］ Line D E，Hunt W F. Performance of a bioretention area and a level spreader-grass filter strip at two highway sites in North Carolina ［J］. Irrig Drain Eng Div Am Soc Civ Eng，2009，135（2）：217-224.

［53］ Roy-Poirier A，Champagne P，Filion Y. Review of bioretention system research and design：Past，present，and future ［J］. Environ Eng，2010，136（9）：878-889.

［54］ Chapman C，Horner R R. Performance assessment of a street-drainage bioretention system ［J］. Water Environ Res，2010，82（2）：109-119.

[55] DeBusk K M, Wynn T M. Storm-water bioretention for runoff quality and quantity mitigation [J]. Environ Eng, 2011, 137 (9): 800-808.

[56] Li H, Davis A. Water quality improvement through reductions of pollutantloads using bioretention [J]. J Environ Eng, 2009, 135 (8): 567-576.

[57] Luell S K, Hunt W F, Winston R J. Evaluation of undersized bioretention stormwater control measures for treatment of highway bridge deck runoff [J]. Water Sci Technol, 2011, 64 (4): 974-979.

[58] Dietz M E, Clausen J C. Saturation to improve pollutant retention in a rain garden [J]. Environ Sci Technol, 2006, 40 (4): 1335-1340.

[59] Davis A P, Shokouhian M, Sharma H, et al. Water quality improvement through bioretention: Lead, copper, and zinc removal [J]. Water Environ Res, 2003, 75 (1): 73-82.

[60] Hunt W F, Szpir L L. Urban waterways, permeable pavements, green roofs and cisterns, stormwater treatment practices for low-impact development [R]. NC State University and NC A&T University Cooperative Extension, 2006.

[61] Davis A P, Hunt W F, Traver R G, et al. Bioretention technology: Overview of current practice and future needs [J]. Environ Eng, 2009, 135 (3): 109-117.

[62] Trowsdale S A, Simcock R. Urban stormwater treatment using bioretention [J]. Hydr, 2011, 397 (3): 167-174.

[63] Glass C, Bissouma S. Evaluation of a parking lot bioretention cell for removal of stormwater pollutants [J]. Trans Ecol Environ, 2005: 699-708.

[64] Li X, He X S, Guo X J, et al. Changes in spectral characteristics and copper (Ⅱ) -binding of dissolved organic matter in leachate from different water-treatment processes [J]. Archives of Environmental Contamination and Toxicology, 2014, 66 (2): 270-276.

[65] Wu J, Zhang H, He P J, et al. Insight into the heavy metal binding potential of dissolved organic matter in msw leachate using eem quenching combined with parafac analysis [J]. Water Research, 2011, 45 (4): 1711-1719.

[66] Guo X J, He L S, Li Q, et al. Investigating the spatial variability of dissolved organic matter quantity and composition in lake wuliangsuhai [J]. Ecological Engineering, 2014, 62: 93-101.

[67] Yi M, Feng C W, Li Y W, et al. Binding characteristics of perylene, phenanthrene and anthracene to different dom fractions from lake water [J]. Journal of Environmental Sciences, 2009, 21 (4): 414-423.

[68] Chen W, Westerhoff P, Leenheer J A, et al. Fluorescence excitation-emission matrix regional integration to quantify spectra for dissolved organic matter [J]. Environmental Science & Technology, 2003, 37 (24): 5701-5710.

[69] 刘钰钦. 径流雨水中典型污染物在 LID 设施中的迁移变化及其相互影响的研究 [D]. 北京: 北京化工大学, 2017.

[70] Datta S, Young S. Predicting metal uptake and risk to the human food chain from leaf vegetables grown on soils amended by long-term application of sewage sludge [J]. Water, Air, & Soil Pollution, 2005, 163 (1): 119-136.

[71] Yuan D H, He J W, Li C W, et al. Insights into the pollutant-removal performance and DOM characteristics of stormwater runoff during grassy swales treatment [J]. Environmental Technology, 2017: 1-34.

3 城市地表径流有机质季节分布特征研究

城市地表径流中有机质组成极为复杂。在自然开发状态下的有机质主要以腐殖酸为主，随着城市化的进行，地表径流受到人为活动的污染，其有机质的组成成分会发生变化。有学者在研究湖库、河流等地表水体时发现，雨水冲刷地表会携带大量有机污染物进入地表水体，不仅使得水体内由内源活动产生的类蛋白物质含量增加，而且一些陆源腐殖质含量也会增加。不同季节、不同功能区的地表径流受污染程度不同，随着季节的变化，其中的微生物活跃程度也在发生着改变。

3.1 特征区域选取

北京地处北纬 39°53′，东经 116°22′，总面积为 1.68 万平方千米，其中城区面积 1040km²，北京经历了改革开放后的快速城市化发展，且在过去几十年的时间里，建成区域增加了 1026.13 平方千米。北京城西、北、东北三面环山，西南为平原，年均温度为 11.5 ℃，气候类型为温带季风气候。截止到 2016 年，北京市的人口达到了 2170 万，城市化水平更是达到 85.9%[1]。北京市的年均降水 554.5mm，其中 80% 的降水集中在 7—9 月[2]。北京市由于气候的变化，从 1950 年开始，其降水量逐年递减。另外，在城区中心地带，发生极端强降雨事件的频率也越来越高，因此强洪涝灾害事件不断增加。例如，北京在 2012 年 7 月 21 日经历了 60 年一遇的特大暴雨，在城区产生了 215mm 的平均日降雨量。城市区域地表结构的变化使径流污染更加严重，地表径流夹带的多种有机污染物在下渗过程中最终可能会威胁到地下水的安全。这些有机污染物经测定，包含石油副产物、萜类化合物、生油岩和多环芳烃等复杂混合物,植物和细菌生物标记物等[3]。

随着城市化的进程,原本自然状态的下垫面被人工化地面代替,变成不同用地类型,本书根据城市人口密度和不同区域职能将其划分为文教区(cultural education area,CE)、居民区(residential area,RA)、古典园林区(classical garden area,CG)、商业区(commercial area,CA)、道路区域(roadside area,RO)五个功能区域,采集北京冬季(2015年11月22日)不同环路、不同功能区的降雪,夏季(2016年7月22日)市区、郊区不同功能区、不同下垫面的降雨产生的地表径流,研究城市地表径流有机质季节分布特征(图3-1)。

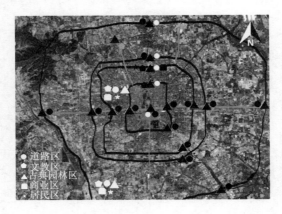

图3-1 采样点分布示意图(实心为冬季采样,空心为夏季采样)

3.2 不同季节地表径流基本理化性质

在城市所有的功能区中,古典园林区与绿地区域相对于商业区域污染较小,而道路区域是连接各区域的主要枢纽,因为不透水材料的大规模使用,使得发生在不同功能区的污染物更容易转移,因此,各种有机质、颗粒污染物和重金属等在旱季累积于路旁,在雨季随着地表径流进入就近水体和地下水,含有大量污染物的径流雨水已经渐渐成为主要的地表水体及地下水的污染源之一[4]。

3.2.1 不同季节地表径流中溶解性有机碳的空间分布变化

图3-2所示为不同季节径流雨水溶解性有机碳(DOC)的分布图。表3-1所示为不同季节径流雨水理化指标分布。

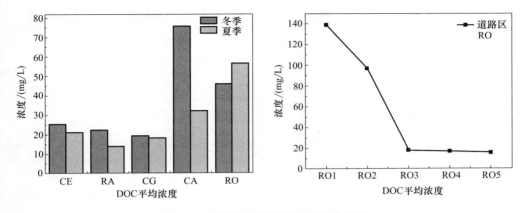

图 3-2　不同季节径流雨水 DOC 分布图

　　径流雨水中的有机质来源于人为丢弃垃圾、汽车尾气排放的未完全燃烧的石油类副产物、植物枯叶腐解、土壤中有机质等，地表径流中有机质随着人为活动而排放到大气，且随着城市功能区以及下垫面的不同，污染物分布规律也不尽相同。

　　表 3-1 为不同季节地表径流基本理化特性。冬季时，道路区（RO）和商业区（CA）的 DOC 浓度呈现相对较高的趋势，范围在 14.74～297.6mg/L，平均值为 76.29mg/L；而在文教区（CE）和居民区（RA）区域，范围分别为 2.63～167.7mg/L 和 4.25～73.23mg/L，平均值分别为 53.8mg/L 和 22.65mg/L；DOC 浓度最低值位于古典园林区（CG）中，范围为 1.15～70.49mg/L，平均值为 19.93mg/L。在夏季时，DOC 平均浓度变化规律与冬季相似，RO、CA、CE、CG、RA 区域呈现递减的趋势，其平均值分别为 57.24mg/L、32.24mg/L、21.03mg/L、18.30mg/L、14.01mg/L。总体来说，冬季因为降雪间隔较长，大气中尘埃沉降、汽车尾气排放导致沉积物积累较多，故较夏季而言，冬季有机质平均值普遍大于夏季相同功能区的平均值。不同的功能区，DOC 浓度差异较大，人为活动最频繁的区域，如 RO 和 CA 区域的 DOC 值最大。CE 和 RA 区域有机质含量大于 CG，说明有机质含量的主要影响因素是人类生产生活活动、汽车尾气排放等。在相同功能区的不同下垫面，DOC 含量呈现道路＞屋顶＞草地的趋势，这也间接说明了人为干预活动越少，污染物越少[5]。

　　而在同一功能区的 DOC 浓度变化如图 3-2 所示，以 RO 区域夏季地表径流为例，DOC 浓度均值呈现以下趋势：北京市区 DOC 值明显大于郊区，道路区域内环 DOC 值明显大于外环区域。在 RO 区域中，DOC 浓度变化趋势为 RO1＞RO2＞

表 3-1 不同季节地表径流基本理化特性

冬季

用地性质	DOC/(mg/L)	氨氮/(mg/L)	总磷/(mg/L)	浊度	pH
CE($n=4$)					
CE1	82.96	3.25	0.44	5.55	5.7
CE2	10.04	1.89	0.52	69.2	6.9
CE3	2.64	2.38	0.54	71.3	7.1
CE4	5.66	1.56	0.38	48.2	6.9
均值	25.33	2.27	0.47	48.56	6.65
RA($n=4$)					
RA1	8.6	3.17	0.18	73.1	7.19
RA2	3.6	4.57	0.59	43.9	7.59
RA3	4.54	2.41	0.93	385	6.94
RA4	73.23	5.07	1.51	163	7.31
均值	22.49	3.81	0.8	66.25	7.26
CG($n=7$)					
CG1	11.94	3.02	0.38	46.8	7.31
CG2	3.34	1.12	0.52	21.1	6.51
CG3	4.28	1.07	0.52	4.38	7.34
CG4	1.15	0.91	0.54	39.9	7.12
CG5	31.45	5.14	0.68	93.5	6.58
CG6	16.68	1.34	0.46	16.1	7.24
CG7	70.49	4.19	0.41	5.37	7.08
均值	19.9	2.4	0.5	32.45	7.03
CA($n=4$)					

夏季

用地性质	DOC/(mg/L)	氨氮/(mg/L)	总磷/(mg/L)	浊度	pH
CE($n=6$)					
CE1	49.94	7.79	0.78	24	7.25
CE2	17.93	3.82	0.18	5.05	7.25
CE3	11.51	6	0.6	4.06	7.4
CE4	33.4	9.6	0.96	56.2	7.14
CE5	9.58	2.2	0.22	9.82	7.3
CE6	3.82	3.12	0.54	2.02	7.5
文数均值	21.03	5.42	0.55	16.86	7.31
RA($n=6$)					
RA1	47.34	5.5	2.55	19.63	7.17
RA2	8.23	9.6	0.96	4.55	7.41
RA3	8.2	1.6	0.16	5.86	7.16
RA4	8.97	15.32	1.05	46.2	7.12
RA5	4.06	8.78	0.95	23.1	7.62
RA6	7.26	2.38	0.23	6.58	7.14
居民均值	14.01	7.2	0.98	17.65	7.27
CG($n=6$)					
CG1	13.21	12.17	1.22	18.06	7.59
CG2	7.24	1.62	0.16	1.33	7.02
CG3	7.04	3.81	0.38	0.5	7.61
CG4	15.68	15.16	0.95	12.36	7.26
CG5	50.01	1.36	0.12	40.63	7.01

续表

冬季

用地性质	DOC /(mg/L)	氨氮 /(mg/L)	总磷 /(mg/L)	浊度	pH
CA1	93.3	8.69	3.23	212	7.77
CA2	43.42	2.35	0.56	202	6.75
CA3	132.2	3.87	0.44	14	6.58
CA4	36.22	7.85	0.64	212	6.76
均值	76.29	5.69	1.22	160	6.97
RO(n=15)					
RO1	14.74	4.25	0.42	279	7.08
RO2	36.15	3.04	0.46	41	7.38
RO3	0.119	6.06	0.78	146	6.69
RO4	15.74	6.93	3.21	131	7.87
RO5	5.22	6.17	0.44	40.1	7.11
RO6	297.6	18.15	0.22	17.1	6.13
RO7	16.09	2.55	0.82	48.8	6.13
RO8	217.8	2.62	1.42	392	6.23
RO9	8.01	2.82	0.51	124	7.28
RO10	14.25	2.73	0.52	38.6	7.17
RO11	6.26	6.19	0.62	266	6.95
RO12	23.69	8.71	0.89	253	6.72
RO13	15.25	2.49	0.76	95.2	6.9
RO14	10.48	2.58	0.66	31.6	7.09
RO15	12.04	4.99	1.04	7.42	6.52
均值	46.23	5.35	0.85	127.39	6.88

夏季

用地性质	DOC /(mg/L)	氨氮 /(mg/L)	总磷 /(mg/L)	浊度	pH
CG6	16.64	1.12	0.03	1.05	7.03
园林均值	18.3	5.87	0.48	12.32	7.25
CA(n=6)					
CA1	96.86	9.78	0.46	109.78	7.32
CA2	12.55	1.82	0.18	182.36	7.24
CA3	9.33	4.61	0.98	164.54	7.44
CA4	54.96	10.31	3.21	110.31	7.19
CA5	14.38	2.61	0.16	126.12	7.06
CA6	5.34	3.58	0.65	135.84	7.04
商业均值	32.24	5.45	0.94	138.16	7.22
RO(n=5)					
RO1	138.9	5	0.5	120.5	7.37
RO2	96.86	4.61	0.46	132	7.32
RO3	17.86	10.78	1.08	122.9	7.59
RO4	16.93	2.22	0.22	129.39	7.49
RO5	15.64	6.8	0.68	116.81	7.55
道路均值	57.24	5.88	0.59	76.87	7.46

注：冬季按各环路路功能区域采样，CE、RA、CG、CA中1代表大兴郊区，2~4代表北2环~北4环，5、6、7分别代表清源公园屋顶，草地和路面；RO中1~8代表东5环~西5环，9~15代表北5环~南5环；夏季CE、RA、CG、CA中1、2、3分别代表西城各功能区路面、草地下垫面、屋顶，4、5、6分别代表大兴各功能区路面、草地、屋顶，RO中1~5代表1~5环道路。

RO3＞RO4＞RO5，而在不同功能区道路的对比下发现，RO1 位于 138.9mg/L，RO2、CA1 位于 90～100mg/L 区间，RA1、CE4 位于 30～50mg/L 区间，其他均位于 5～20mg/L 区间。原因可能是长安街、西直门动物园商业区车流量最大，汽车尾气、轮胎摩擦磨损、未完全燃烧的燃油和润滑油以及路面的磨损最为严重，造成路面区域 DOC 浓度较大；而文教区及居住区 DOC 浓度次之，原因可能是文教区、居民区行车速度受限，经常需要采取机动车制动，汽车燃油燃烧不充分，导致产生大量尾气沉降至地面；而其他区域路面行车情况良好[6]。

3.2.2　地表径流中 NH₃-N、TP、pH 和浊度空间分布情况

如表 3-1 和图 3-3 所示，地表径流中氨氮浓度均大于 2mg/L，浓度高于地表水环境质量标准规定的 V 类水体水质。由于冬季采集雪样，仅 CA、RO 区域为已融化雪水，其余区域均为雪样。所以除 CA、RO 区域氨氮浓度很高，

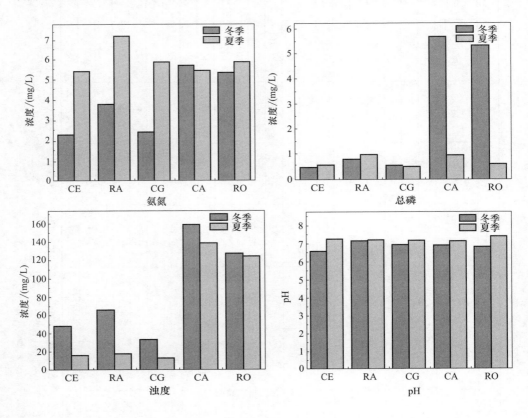

图 3-3　不同季节径流雨水理化指标

平均浓度达到 5.69mg/L 和 5.35mg/L 以外，RA、CE、CG 区域均值分别为 3.82mg/L、2.39mg/L 和 2.27mg/L，呈递减趋势。而夏季氨氮污染较冬季而言，不同功能区均值均超过 5mg/L，CA、RO 区域车辆相对较多，污染浓度更大。分析得出结论，夏季雨水会冲刷地表沉积污染物，其中氨氮浓度很高，从而引起水质恶化[6,7]。

TP 在 CE、RA、CG 区域，冬季和夏季均值较为接近，均位于 0.47～0.98mg/L 范围内，而在 CA、RO 区域，冬季 TP 值极大，达到了 5.69mg/L 和 5.35mg/L，而夏季只有 0.59mg/L、0.94mg/L，同一功能区冬季是夏季的 0.37～9.64 倍，最大值超过国家地表水质标准 V 类水 14 倍，说明可能是降雪间隔长，大量汽车尾气及材质磨损致使路面沉积了大量各类污染物，而车流量较少的区域，TP 含量明显小于车流量大的区域[8]。

水的浊度与水中悬浮物质的含量有关，水中的悬浮物一般为泥土、砂粒、微细的有机质和无机物、重金属颗粒和胶体物质等。各个功能区存在与 TP 同样的规律，只是冬季浊度略微大于同一功能区夏季的浊度，也与车流量及人为活动程度成正比。

冬季地表径流 pH 在 6.65～7.26 之间，而夏季在 7.22～7.46 之间，说明冬季为中性，夏季为微碱性，可能是因为夏季污染物中碱性物质较多[9]。

3.3   不同季节地表径流中 DOM 特征解析

3.3.1   径流雨水中溶解性有机质的紫外吸收曲线

由于 DOM 分子中含有大量的不饱和键和芳香结构，其中含有的长的共轭键，紫外吸收强，而有机质中助色团也会影响到紫外吸收。有机质的紫外官能团中发色团能产生紫外吸收，一般是包含能发生 $\pi—\pi^*$ 或 $n—\pi^*$ 跃迁的基团，如不饱和键和羰基等；助色团本身不能吸收紫外或可见光，但与发色团相连时所产生的吸收峰向长波方向移动，使得紫外吸收增加，如羟基和氨基等。通过对 DOM 的全波长紫外可见光扫描，可以解析出 DOM 中一些官能团的信息，但是同时由于 DOM 中存在大量不同的官能团，其相互之间存在干扰致使紫外可见光谱常常表现出无特征峰。对比冬夏两季地表径流样品可以发现，所有功能区中基本存在冬季样吸光度大于夏季样品的规律，各样品紫外曲线均呈现先升高后下降的趋势（图 3-4）。

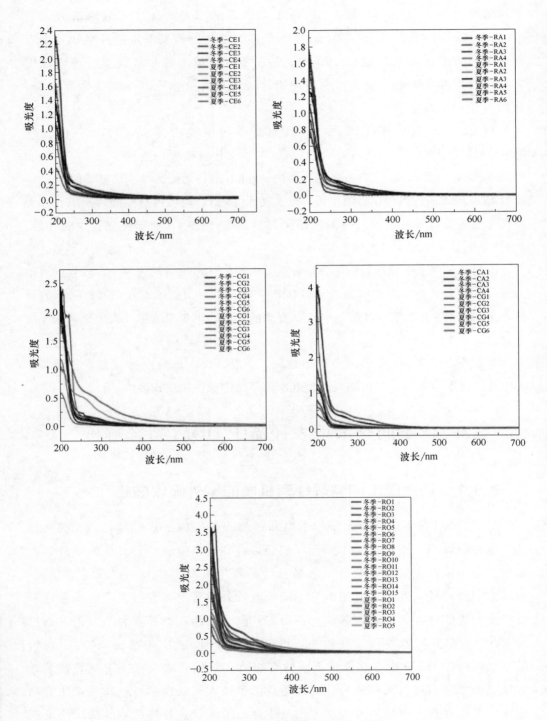

图 3-4　不同季节径流雨水紫外吸收曲线

3.3.2　径流雨水中溶解性有机质的紫外吸收参数特征

有学者研究发现 $SUVA_{254}$ 与 13C-NMR 计算的芳香度之间存在显著正相关关系[10]。因此 254nm 处紫外吸光参数（$SUVA_{254}$）可以间接反映出腐殖质物质的芳香度、不饱和程度和腐殖化程度。其值越大，表明有机质中芳香化程度越大，不饱和程度越高，腐殖化程度也就越高。如表 3-2 所示，冬季不同功能区 CE、RA、CG、CA、RO 的 $SUVA_{254}$ 的均值分别为 2.17、2.73、3.90、1.46、1.92。符合 CG>RA>CE>RO>CA，与绿地植物较多的功能区成正比，绿地为微生物生长繁殖提供必备的场所。而夏季城市各功能区域不同下垫面 $SUVA_{254}$ 均值符合草地>屋顶>路面，原因可能是草地下垫面相比屋顶与硬化下垫面，植物分泌及土壤中微生物数量较多，微生物新陈代谢会分解掉有机质中蛋白类物质，导致草地下垫面中不饱和结构和芳香类结构物质比例升高，腐殖化程度提升。

E_2/E_3 等于紫外可见光谱位于 250nm 和 365nm 处的吸光度比值，其值大小可以代表有机质富里酸或者胡敏酸组分的吸收特性，当 $E_2/E_3<3.5$ 时，可以反映径流雨水中以胡敏酸组分为主，$E_2/E_3>3.5$ 时，表明径流雨水中以富里酸组分为主。如表 3-2 所示，冬季、夏季的 E_2/E_3 值均>3.5，表明降雪融雪和径流雨水中富里酸占主导地位。

E_4/E_6 等于紫外可见光谱位于 564nm 和 665nm 处的吸光度比值，与有机质的腐殖化程度、芳香化程度、分子量之间存在负相关性。E_4/E_6 值越低，腐殖化程度越高，分子量越大，聚合度越高，与 $SUVA_{254}$ 含义类似。冬季降雪融雪中，CE、RA、CG、CA、RO 的范围分别为 1.08～2.28、1.45～3.00、0.67～1.87、1.40～1.89、1.32～2.21，均值为 1.54、1.91、1.32、1.60、1.61，符合 RA>RO>CA>CE>CG 的规律，基本与各功能区的绿地空间成反比；而夏季径流雨水中，CE、RA、CG、CA、RO 的范围分别为 1.05～2.1、1.04～2.13、0.21～1.61、1.41～2.28、1.57～2.68，均值为 1.43、1.49、0.78、1.81、1.94，其中 CG 区域最小，表明此区域胡敏酸缩合程度和腐殖化程度最高；而在 RA、CE 中值差异较小，因为二者存在一定面积的绿地空间；而 RO、CA 是硬化面积最大、绿化最少的区域，E_4/E_6 的值都较大。

表 3-2　不同季节径流雨水有机质基本光谱特征参数

冬季					夏季				
样品	$SUVA_{254}$	E_2/E_3	E_4/E_6	$f_{450/500}$	样品	$SUVA_{254}$	E_2/E_3	E_4/E_6	$f_{450/500}$
CE($n=4$)					CE($n=6$)				
CE1	0.05	3.13	1.39	2.06	CE1	0.21	4.76	1.80	1.68
CE2	2.29	3.92	1.08	0.87	CE2	0.33	3.45	1.39	1.62
CE3	3.36	5.41	1.40	0.70	CE3	0.70	3.98	1.12	1.71
CE4	2.96	3.97	2.28	1.23	CE4	0.49	7.10	2.10	1.63
均值	2.17	4.11	1.54	1.22	CE5	0.83	7.76	1.05	1.69
RA($n=4$)					CE6	1.97	4.51	1.09	1.79
RA1	2.24	3.34	1.66	0.58	均值	0.76	5.26	1.43	1.69
RA2	3.57	4.90	3.00	1.08	RA($n=6$)				
RA3	2.81	4.85	1.45	1.07	RA1	0.40	4.79	2.09	1.75
RA4	2.30	3.40	1.51	0.40	RA2	2.04	5.00	1.30	1.56
均值	2.73	4.12	1.91	0.78	RA3	2.36	5.20	1.04	—
CG($n=7$)					RA4	0.98	11.16	2.13	1.65
CG1	1.74	5.63	1.43	1.14	RA5	0.91	10.03	1.27	1.79
CG2	3.87	4.84	1.28	1.13	RA6	1.38	4.58	1.14	1.73
CG3	3.18	4.94	1.48	1.08	均值	1.35	6.79	1.50	1.70
CG4	11.35	5.76	1.00	1.68	CG($n=6$)				
CG5	2.56	3.75	1.53	0.49	CG1	1.35	3.87	1.30	1.56
CG6	1.55	5.44	0.67	1.19	CG2	1.49	4.22	0.21	1.76
CG7	3.07	4.35	1.87	1.13	CG3	2.02	3.56	0.34	1.72
均值	3.90	4.96	1.32	1.12	CG4	0.39	8.84	1.61	1.84
CA($n=4$)					CG5	1.03	7.06	0.54	1.35
CA1	0.24	4.54	1.89	0.54	CG6	1.13	9.35	0.72	1.54
CA2	1.66	7.98	1.67	1.26	均值	1.24	6.15	0.79	1.63
CA3	2.93	4.79	1.44	1.15	CA($n=6$)				
CA4	1.02	5.09	1.40	0.78	CA1	0.20	6.16	1.84	1.72
均值	1.46	5.60	1.60	0.93	CA2	0.52	4.84	1.69	1.65
RO($n=15$)					CA3	0.84	3.54	1.41	1.80
RO1	1.31	5.10	1.59	0.93	CA4	0.33	6.69	2.28	1.62
RO2	1.58	7.03	1.85	0.69	CA5	0.62	3.55	1.89	1.70
RO3	1.94	3.69	1.34	1.03	CA6	0.84	6.19	1.72	1.88
RO4	2.81	3.60	1.68	0.46	均值	0.56	5.16	1.81	1.73

冬季					夏季				
样品	$SUVA_{254}$	E_2/E_3	E_4/E_6	$f_{450/500}$	样品	$SUVA_{254}$	E_2/E_3	E_4/E_6	$f_{450/500}$
RO5	1.66	5.46	1.38	1.36	RO($n=5$)				
RO6	0.25	4.68	1.36	0.94	RO1	0.15	5.72	1.80	1.59
RO7	2.94	4.43	1.91	0.56	RO2	0.20	6.16	1.74	1.72
RO8	0.09	5.35	1.68	0.30	RO3	0.96	4.83	2.68	1.62
RO9	2.22	4.80	1.83	0.67	RO4	0.98	3.85	1.57	1.62
RO10	2.72	3.73	2.21	0.60	RO5	1.07	4.90	1.73	1.71
RO11	1.18	4.64	1.32	0.85	均值	0.67	5.09	1.90	1.65
RO12	1.78	3.59	1.40	0.57					
RO13	2.95	3.74	1.54	0.72					
RO14	2.70	4.72	1.52	0.92					
RO15	2.61	5.47	1.51	0.77					
均值	1.92	4.67	1.61	0.76					

3.3.3　径流雨水中溶解性有机质的三维荧光光谱参数特征

如图 3-5 所示，1～4 为冬季 CE1～CE4 区域样品，5～7 为夏季 CE1～CE3 区域样品。可以根据样品的三维荧光图谱确定 DOM 的来源。陆源腐殖酸来源的 DOM 会产生类腐殖酸荧光，位于图中峰 C $[E_x/E_m=（350～440nm）/（430～510nm）]$ 区域内；微生物来源的 DOM 会产生类蛋白荧光，位于图中的峰 B $[E_x/E_m=（200～250nm）/（280～350nm）]$ 区域和峰 D $[E_x/E_m=（250～280nm）/（300～380nm）]$；类富里酸产生的荧光为峰 A $[E_x/E_m=（240～290nm）/（370～440nm）]$。其中峰 C 与 DOM 中类腐殖质物质的羧基、羰基有紧密联系；峰 D 中类蛋白物质又可分为类色氨酸 $[E_x/E_m=（270～290nm）/（320～350nm）]$ 和类酪氨酸 $[E_x/E_m=（270～290nm）/（300～320nm）]$。

FI（荧光指数 $f_{450/500}$）可以用来代表径流雨水中 DOM 的来源。通常其值等于激发波长为 370nm 时，发射波长位于 450nm 与 500nm 处的比值。$f_{450/500}$ 的值位于 1.9 附近，代表 DOM 的主要来源为微生物来源，$f_{450/500}$ 的值位于 1.4 附近，代表 DOM 的主要来源为陆生来源。从表 3-2 中可以看出，冬季 CE、RA、CG、CA、RO 均值分别为 1.22、0.78、1.12、0.93、0.76，都小于 1.4，表明冬季降雪融雪中 DOM 的主要来源为陆生来源，原因可能是冬季温度较低，微生物繁殖缓慢；而夏季的均值分别为 1.69、1.70、1.63、1.73、1.65，都位于 1.4～1.9 之间，表明夏季径流雨水中 DOM 来源既有陆生来源，又有微生物来源[11]。

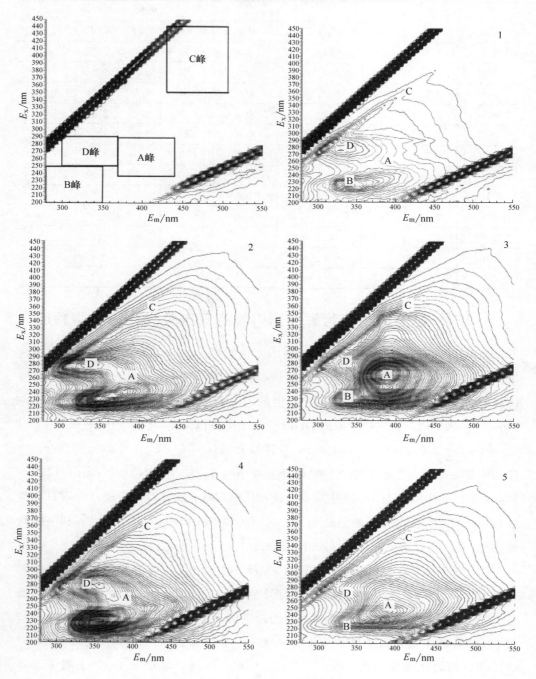

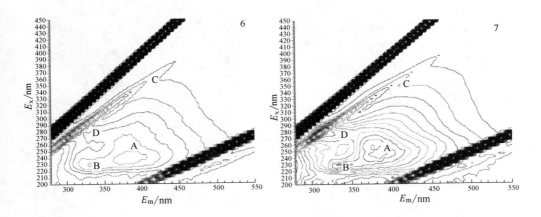

图 3-5　不同季节文教区径流雨水 EEMs 图

3.3.4　不同季节地表径流中溶解性有机质的种类

通过对冬季北京地区五类功能区的降雪产生的地表径流样品的三维荧光光谱结合平行因子（PARAFAC）分析，得到分离出来的四个组分，如图 3-6 所示。通过PARAFAC 分离出的组分与文献中的荧光物质对比，根据它们的激发发射光谱的范围、峰值以及前人的研究分析，得出冬季地表径流包含一种类蛋白质成分 C1 [E_x/E_m＝230nm（270nm）/330nm]，该峰位于文献中 Peak T1 和 Peak T2 [E_x/E_m＝230nm（270nm）/330nm] 附近，代表源于城市污水及垃圾渗滤液中的原生类色氨酸类蛋白质物质；三种类腐殖酸物质，C2（E_x/E_m＝250nm/380nm）位于文献中 Peak A 峰 [E_x/E_m＝（230～260nm）/（380～460nm）] 的范围内，代表一种陆生腐殖酸类物质；C3（E_x/E_m＝260nm/380nm）位于文献中 Peak A＋Peak M [E_x/E_m＝（240～260nm）（295～380nm）/（374～450nm）] 的范围内，与 Williams 研究得出的 Peak A、Peak M 峰范围一致，被认为是陆源及海洋类腐殖酸物质，最近发现也存在于被农业设施影响的地下水的供水设施中；C4（E_x/E_m＝315nm/450nm）位于 Peak C [E_x/E_m＝270nm/360nm（420～480nm）] 范围内，代表传统类腐殖酸物质，这类物质有激发发射波长范围很宽、芳香度高和分子量大等特点，在自然界许多水体中都已被发现。

通过对夏季北京西城区、大兴郊区五类功能区的路面、屋顶、草地三类下垫面的径流雨水样品的三维荧光光谱结合平行因子（PARAFAC）分析，同样得到分离

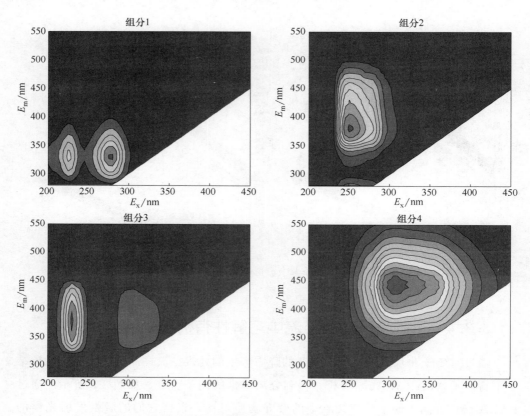

图 3-6   冬季地表径流有机质经平行因子鉴定出来的荧光组分

出来的四个不同组分，如图 3-7 所示。夏季地表径流中主要包括一种类蛋白成分 C3 $[E_x/E_m = 230nm（280nm）/340nm]$，三种类腐殖酸 C1（$E_x/E_m = 260nm/380nm$）、C2 $[E_x/E_m = 230nm（300nm）/380nm]$、C4（$E_x/E_m = 280nm/440nm$）。

　　夏季有机质组分种类与冬季类似，均由三种腐殖酸类物质和一种类色氨酸类蛋白物质组成，说明城市地表径流在冬夏两季的有机质主要以类腐殖酸及类蛋白质为主。表 3-3 为冬夏两季及其他文献中关于 EEMs-PARAFAC 分离出来的组分对比。

表 3-3   不同季节径流雨水 EEMs-PARAFAC 分离的组分与先前研究对比

单位：nm

冬季 E_x/E_m	夏季 E_x/E_m	峰类型	其他文献 PARAFAC 对比	描述及可能来源
C3 260/380	C1 260/380	峰 A： （230～260）/（380～460）	C1：<250(310)/416[12] C6：325(<260)/385[13]	陆源及海洋类腐殖酸

海绵城市有机质输移环境效应

冬季 E_x/E_m	夏季 E_x/E_m	峰类型	其他文献PARAFAC对比	描述及可能来源
C2 250/380	C2 230/380	峰A: (230~260)/(380~460)	C1:<250(310)/416[12] C6:325(<260)385[13]	陆源及海洋类腐殖酸
	C2 300/380	峰M: (290~310)/(370~420)	P1:310/414[14]	
C1 230/330	C3 230/340	峰T: (225~230)(275)/ (340~350)	C5:<250/370[12]	原生类色氨酸物质
C1 270/330	C3 280/340		C7:280/344[15]	
C4 315/450	C4 280/440	峰C: (270~360)/(420~480)	P8:<260(355)/434[14]	传统陆生类腐殖酸物质

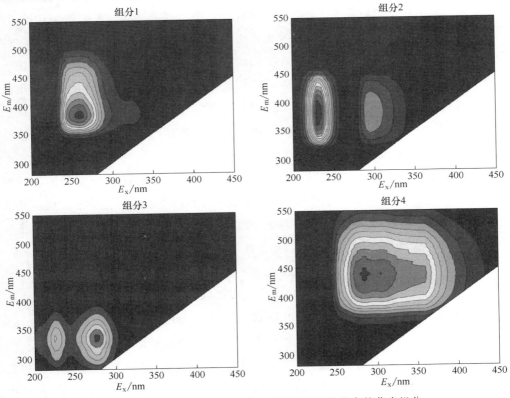

图3-7 夏季地表径流中有机质经平行因子鉴定出来的荧光组分

3.3.5 统计学分析——主成分分析

为了更加深入地研究冬季、夏季地表径流雨水的污染特征，通过四种平行因子

组分 F_{max} 值进行主成分分析，研究其差异。对三维荧光光谱经过平行因子分析得到的数据进行了 KMO 和圆球检验，冬季的 KMO 值和 P 值分别为 0.663、0；夏季的 KMO 值和 P 值分别为 0.602、0.1，证明三维荧光光谱平行因子数据分析方法适用于主成分分析[16,17]。

冬季的降雪融雪样品中，主成分分析的 1、2 坐标轴分别为 62.44%、20.53%。每个主成分因子都是四种荧光组分的线性组合，如下所示：

$$F1=0.241C1+0.521C2-0.245C3+0.44C4 \tag{3-1}$$

$$F2=0.245C1-0.291C2+0.943C3-0.04C4 \tag{3-2}$$

第一、第二主成分和降雪样品散点主成分得分图见图 3-8 中（a）、（b），类色氨酸组分 C1 在主成分 F1、F2 中都表现为正的负荷，表明类蛋白质在 F1、F2 中占主导地位；两种陆生腐殖酸 C2、C4 表现为正的 F1 负荷和负的 F2 负荷，且很接近 F1 半轴，表明陆生腐殖酸在 F1 中占主导地位；海洋类腐殖酸 C3 表现为正的 F2 负荷和负的 F1 负荷，且更接近于 F2 轴，表明海洋类腐殖酸占 F2 的主导地位。散点得分图显示样品在不同功能区存在不同的规律，CA、CE、RO 和 RA 相对较为分散，表明这四个功能区样品随着功能区的变化而变化，而路旁绿地及 CG 呈现集中的趋势，且有较高的 F1 和较低的 F2 值，说明植物的腐解会带来腐殖酸类物质的升高；而与 CG 对比，RO 样品有较高的 F2 和较低的 F1 值，说明冬季人为活动可能导致类蛋白增加。

就夏季而言，第一、第二主成分和降雨样品散点主成分得分图见图 3-8 中（c）、（d）。对于夏季四种平行因子组分，主成分分析产生了两个主成分，且差异性达到 92.78%，主成分分析的 1、2 两坐标轴分别为 70.5% 和 22.3%。每个主成分因子都是四种荧光组分的线性组合，如下所示：

$$F1=0.423C1+0.280C2-0.207C3+0.416C4 \tag{3-3}$$

$$F2=-0.154C1+0.214C2+0.949C3-0.181C4 \tag{3-4}$$

两种陆源及海洋类腐殖酸荧光组分 C1、C2 和一种传统陆生类腐殖酸物质 C4 与 F1 相关，这表明 F1 主要是类腐殖酸类物质；一种原生类色氨酸物质 C3 与 F2 相关，而其他三个组分与 F2 相关性较低。这表明 F2 为原生类色氨酸蛋白质类物质主导。不同功能区、不同下垫面的径流雨水的主成分分值显示：在不同的样品中存在显著的差异。图中大多数样品较为分散。总体而言，径流雨水中的 DOM 是异质性的，而且不同下垫面的有机质组成也各不相同，这导致了径流雨水样品的明显差异。CE、RA 区域更加接近 F2 轴，F2 得分明显低于 F1 得分，说明 CE、RA 中 DOM 的行为主要受 F1 的影响。而在 CG 区域，F2 得分高于 F1，说明 CG 中

DOM 主要受 F2 影响，原因可能为该区受人为活动影响较小，微生物活动占主导地位。而在 CA、RO 区域，样品得分较为集中，且 F1 得分大于 F2 得分，表明 CA、RO 区域受人为活动影响较大，夏季人为活动导致产生的腐殖酸类物质占主导地位。

通过对不同季节地表径流进行 PCA 研究发现，基于三维荧光光谱平行因子分析法和主成分分析结合的综合分析方法可以有效地反映出不同季节、不同功能区径流雨水受不同有机质污染的情况。

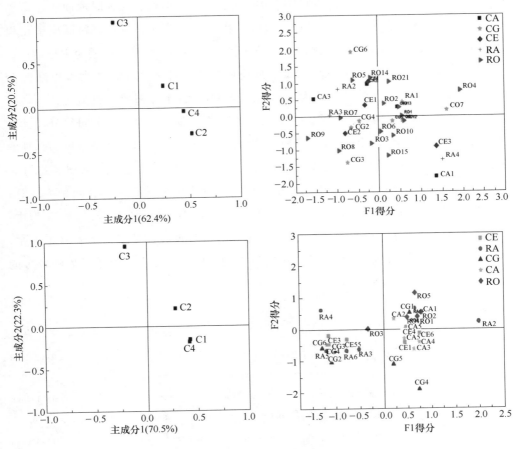

图 3-8　主成分因子负荷得分图和各采样点得分 PCA 得分图

3.4　本章小结

本章通过常规指标分析、紫外可见光谱及三维荧光光谱分析，结合

PARAFAC 分析方法，对冬夏二季北京市不同功能区、不同下垫面地表径流样品中 DOM 进行了研究，其结果如下。

① 不同季节地表径流污染情况不尽相同，研究 DOM 的主要指标 DOC、TP 及浊度值，普遍呈现冬季大于夏季的规律，而氨氮则表现出相反的规律，pH 冬季呈现中性，夏季为微碱性，这可能与各区域的车辆量及降雨、降雪的间隔有关系。

② 紫外可见光谱曲线表现为冬季吸光度大于夏季，各样品在 $190\sim700nm$ 全波长范围，紫外曲线均呈现先升高后下降的趋势；紫外吸收参数 $SUVA_{254}$、E_2/E_3、E_4/E_6 结果可以表明：a. 在不同功能区中冬夏二季均表现为绿地面积比例越多，其径流雨水中腐殖酸比例越高；b. 同一功能区中草地、屋顶、路面腐殖化程度依次降低；c. 降雪融雪、降雨产生的地表径流中 DOM 均以富里酸为主导地位。

③ 三维荧光光谱中荧光指数 FI 结果说明冬季径流雨水 DOM 来源以陆源为主，夏季以陆源、微生物源混合为主，原因与冬季微生物活动性较低有关。

④ 通过 PARAFAC 将冬季、夏季地表径流样品都分解为四个不同组分，其中冬季分解为一种类蛋白组分 C1，三种腐殖酸组分 C2、C3、C4；夏季分解为一种类蛋白组分 C3，三种腐殖酸组分 C1、C2、C4。PCA 分析可以进一步获得各组分来源及有机质污染的问题。将冬季径流雨水样品根据主成分得分，分为两种主成分，F1 以类蛋白 C1 和陆源腐殖酸 C2、C4 为主，F2 以类蛋白 C1 和海洋源 C3 为主；将夏季径流雨水样品也分为两种主成分，F1 以类腐殖酸物质 C1、C2、C4 为主，F2 以类色氨酸类蛋白质为主。PCA 分析结果同时验证了冬季、夏季微生物较多的功能区腐殖酸含量较高。

参 考 文 献

[1] Mu F Y, Zhang Z X, Chi Y B, et al. Dynamic monitoring of built-up area in Beijing during 1973-2005 based on multi-original remote sensed images [J]. Journal of Remote Sensing, 2007, 11 (2): 257.

[2] Sun Z H, Feng S Y, Yang Z S, et al. Primary analysis of the precipitation characteristics for Beijing during the period from 1950 to 2005 [J]. Journal of Irrigation and Drainage, 2007, 26 (2): 12-16.

[3] Badin A L, Faure P, Bedell J P, et al. Distribution of organic pollutants and natural organic matter in urban storm water sediments as a function of grain size [J]. Science of the Total Environment, 2008, 403 (1-3): 178-187.

[4] Byeon S, Koo B, Jang D, et al. Characteristics of rainfall runoff pollutant and initial treatment [J]. Sustainability, 2016, 8 (5): 450.

[5] 赵晨，王崇臣，李俊奇，等. 径流雨水中不同分子量溶解性有机物分布及其与 Cu^{2+} 相互作用 [J]. 环境化学，2016，35 (4): 757-765.

海绵城市有机质输移环境效应

［6］ 汪明明. 北京城区东南部降雨与径流水质分析与评价［D］. 北京：北京工业大学，2004.

［7］ 李怀恩，刘增超，秦耀民，等. 西安市融雪径流污染特性及其与降雨径流污染的比较［J］. 环境科学学报，2012，32（11）：2795-2802.

［8］ 常静，刘敏，许世远，等. 上海城市降雨径流污染时空分布与初始冲刷效应［J］. 地理研究，2006，25（6）：994-1002.

［9］ 何小松，席北斗，张鹏，等. 地下水中溶解性有机物的季节变化特征及成因［J］. 中国环境科学，2015，3：862-870.

［10］ Weishaar J L，Aiken G R，Bergamaschi B A，et al. Evaluation of specific ultraviolet absorbance as an indicator of the chemical composition and reactivity of dissolved organic carbon［J］. Environmental Science & Technology，2003，37（20）：4702.

［11］ 郭旭晶. 乌梁素海 DOM 光谱特性及其与金属离子相互作用的研究［D］. 北京：北京师范大学，2010.

［12］ Williams C J，Yamashita Y，Wilson H F，et al. Unraveling the role of land use and microbial activity in shaping dissolved organic matter characteristics in stream ecosystems［J］. Limnology & Oceanography，2010，55（3）：1159-1171.

［13］ Yamashita Y，Jaffé R. Characterizing the interactions between trace metals and dissolved organic matter using excitation-emission matrix and parallel factor analysis［J］. Environmental Science & Technology，2008，42（19）：7374-7379.

［14］ Murphy K R，Stedmon C A，Waite T D，et al. Distinguishing between terrestrial and autochthonous organic matter sources in marine environments using fluorescence spectroscopy［J］. Marine Chemistry，2008，108（1-2）：40-58.

［15］ Stedmon C A，Markager S. Resolving the variability in dissolved organic matter fluorescence in a temperate estuary and its catchment using parafac analysis［J］. Limnology & Oceanography，2005，50（2）：686-697.

［16］ Guo X J，He L S，Li Q，et al. Investigating the spatial variability of dissolved organic matter quantity and composition in lake wuliangsuhai［J］. Ecological Engineering，2014，62（1）：93-101.

［17］ Peiris R H，Hallé C，Budman H，et al. Identifying fouling events in a membrane-based drinking water treatment process using principal component analysis of fluorescence excitation-emission matrices［J］. Water Research，2010，44（1）：185-194.

4 绿色屋顶对城市径流中溶解性有机质与重金属相互作用机制的影响

绿色屋顶也称自然屋顶、生态屋顶或植物屋顶覆盖,绿色屋顶根据景观的复杂程度和种植基质的厚度,又分为简单式和花园式[1]。简单式的绿色屋顶结构主要由四个部分组成,即植被层、基质层、过滤层和排水层。植被层中的植物种类的选择需要因地制宜,同时具有耐旱、耐热、耐贫瘠等特点。基质层主要为植物提供生长所需的营养物质及滞留部分径流雨水。过滤层是为了防止营养物质的流失。排水层滞留部分雨水,且将多余的雨水进行排出,同时兼具防水功能,可以防止雨水下渗而破坏下层建筑物结构。绿色屋顶巧妙地利用建筑外墙的空间来增加城市景观和改善自然水文循环受城市开发的影响。其能够通过植物和土壤的物理、化学和生物作用来有效地减少屋面径流总量和径流污染负荷,节能减排、净化空气,夏季降温、冬季保温[2,3]。

4.1 绿色屋顶结构

本试验中的绿色屋顶装置由 PVC 材料制造,其内部尺寸为 $0.5m \times 0.5m$,装置的一面底部两边装有内径为 20mm 的排水管,在同一面的距种植基质层高 40mm 处设有一个内径为 25mm 的溢流口,排水管的一侧与对面一侧具 1% 的坡度。整个装置由上往下分为四层:植物层、基质层、过滤层和排水层。试验装置设计图及实际试验装置图如图 4-1 所示。由于绿色屋顶一般位于城市中心屋顶上,有风速较大、不易储水、植物生长基质受温度和气候变化的影响很大、基质厚度较薄导致营养物质缺乏等环境恶劣的情况,因此,植物的选择对绿色屋顶具有很重要的作用,通常选择耐旱、耐高温、耐贫瘠、耐浅土层、抗风性强、抗病虫害能力强、对营养物质要求低且易管理的植物[4],本书选择了三种具有这些特点且观赏价值较高的景天科植物：费菜、佛甲草和红叶景天（图 4-2）来探讨不同绿色植物的植被层对屋面雨水径流水量及水质的影响。本试验采用了两种不同的基质即北京市大兴区田园土和市场购买的超轻量基质来填充基质层，基质层的厚度为 5cm，同时对佛甲草的一个田园土的基质层厚度设计为 10cm 来探讨基质厚度对于屋面径流雨水水量及水质的影响。过滤层都选用透水土工布，能够防止基质层中的固体小颗粒随雨水径流进入排水层且可防止基质中的营养物质快速流失。排水层均为凹凸排水板，厚度为 15mm。试验装置编号及特征如表 4-1 所示。

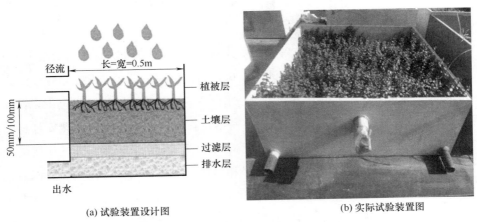

(a) 试验装置设计图　　　　　　　　　　(b) 实际试验装置图

图 4-1　试验装置设计图及实际试验装置图

(a) 费菜　　　　　　　(b) 佛甲草　　　　　　　(c) 红叶景天

图 4-2　植物种类样图

表 4-1　试验装置编号及特征

装置编号	植物类型	基质类型	基质层厚度/cm	排水板
1	费菜	田园土	5	凹凸排水板
2	费菜	草炭	5	凹凸排水板
3	红叶景天	田园土	5	凹凸排水板
4	红叶景天	草炭	5	凹凸排水板

装置编号	植物类型	基质类型	基质层厚度/cm	排水板
5	佛甲草	田园土	10	凹凸排水板
6	佛甲草	田园土	5	凹凸排水板
7	佛甲草	草炭	5	凹凸排水板

4.2 雨水水样的采集

本试验所用雨水由北京市大兴区北京建筑大学雨水楼屋顶雨水蒸馏桶所收集，并进行适当稀释，用来对绿色屋顶进行模拟降雨。该模拟试验以北京市重现期大于1 年的 2 小时 Pilgrim & Cordery 雨型[5]（图 4-3）设计降雨强度对绿色屋顶试验装置进行试验，每 5 分钟的降雨量如表 4-2 所示。在试验开始前，利用湿度计检测绿色屋顶基质湿度，在出水口放置好量筒，在开始降雨时记录时间 T_1，利用喷壶按照雨型，每 5 分钟换一次雨强，同时记录相对应的 5 分钟内的产流量，并同时记录装置产流开始的时间，在产流开始时立即采样，每次取样体积为 500mL，之后每隔 20 分钟取一个样品，每个装置连续取 7 个样品，试验操作及采样如图 4-4 所示。将收集好的样品立即放到冰箱内在 4 ℃下保存，将所采集的水样分为两部分进行分析和检测，一部分用来检测水质指标（pH、$NO_3^- $-N、$NH_3$-N、TN、TP、TOC 和重金属），另外一部分水样过 0.45μm 的滤膜从而得到 DOM 样品，然后对其进行荧光光谱扫描。

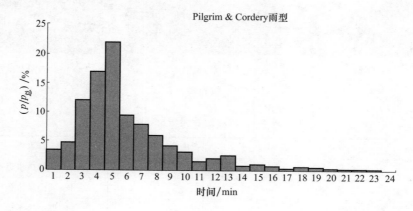

图 4-3　Pilgrim & Cordery 雨型

表 4-2　Pilgrim & Cordery 雨型 2 个小时每 5 分钟的降雨量

时间/5min	1	2	3	4	5	6	7	8	9	10	11	12
体积/mL	519	709.5	1795.5	2514	3271.5	1405.5	1176	886.5	634.5	465	226.5	312
时间/5min	13	14	15	16	17	18	19	20	21	22	23	24
体积/mL	376.5	127.5	153.75	102	45	93	78	52.5	33.75	18.75	11.25	1.2

4.2.1　水量滞留效果

在降雨期间，绿色屋顶通过自身的植被层、基质层和蓄水层可对部分雨水进行截留、滞留和储存。因此，绿色屋顶具有削减屋面雨水径流总量和峰值流量，并且延缓雨水径流产流的作用。本试验中，分别采用径流总量削减率（V_r）和产流时间差（T_c）来评价绿色屋顶削减径流雨水总量和延缓径流雨水产流的能力。两者的计算公式如下：

图 4-4　试验操作及采样

$$V_r = (V_{降雨} - V_{径流}) / V_{降雨} \quad\quad (4\text{-}1)$$

式中，V_r 表示径流总量的削减率，%；$V_{降雨}$ 表示降雨总体积，L；$V_{径流}$ 表示屋面雨水径流总体积，L。

$$T_c = T_{产流} - T_{降雨} \quad\quad (4\text{-}2)$$

式中，T_c 表示产流时间差，min；$T_{产流}$ 表示屋面雨水径流产流时刻，min；$T_{降雨}$ 表示降雨开始的时刻，min。

4.2.2　水质净化效果

绿色屋顶对于水质的净化主要是通过对雨水径流削减和污染物截留、吸附和生物降解三方面的作用。然而，有研究表明，对绿色屋顶进行灌溉、施肥及雨水对种植基质营养物质的淋溶等过程，可能造成污染物的释放。美国 EPA 推荐四种方法来评价低影响开发设施对污染物的去除效率。而绿色屋顶是"海绵城市"中一种典型的源头控制措施，因此本试验主要考虑绿色屋顶对总污染负荷的去除效果。本试验用污染物负荷削减率（W_r）来评价绿色屋顶对径流雨水的净化能力。其计算公式如下：

$$W_r = \sum (V_{i降雨} C_{i降雨} - V_{i径流} C_{i径流}) / (\sum V_{i降雨} V_{i径流}) \quad\quad (4\text{-}3)$$

式中，W_r 表示污染物负荷削减率，%；$V_{i降雨}$ 表示第 i 个降雨水样的体积，L；$C_{i降雨}$ 表示第 i 个降雨水样的某污染物浓度，mg/L；$V_{i径流}$ 表示第 i 个降雨水样的体积，L；$C_{i径流}$ 表示第 i 个降雨水样的某污染物浓度，mg/L。

4.2.3　荧光分析

紫外可见光谱及其参数能够提供样品 DOM 的分子结构及官能团的信息。而荧光光谱研究有机质腐殖化程度具有样品前处理简单、分析快捷、灵敏度高、信息量大且不受分析物质中是否含有重金属的影响等特点。在发射、激发及同步扫描等荧光光谱中，3D-EEMs 能更有效地区分有机质中荧光性质不同的组分。本试验通过对绿色屋顶装置的进水及出水的 DOM 进行紫外和三维荧光分析，可以从分子层结构上更进一步了解绿色屋顶对径流雨水水质的影响过程。由于 DOM 本身含有较多的羧基、羟基、酚羟基等结合位点，极易与重金属离子发生配合作用形成配合物，从而影响重金属的迁移、转化和生物有效性，进而改变重金属的环境效益。因此本试验通过对 DOM 样品进行重金属淬灭滴定实验来分析绿色屋顶装置对重金属环境行为的影响。

4.2.4　PARAFAC 分析法

由于传统的 EEMs 中存在大量重叠的、难以人工分离的荧光峰，而 PARAFAC 分析方法可以将重叠的荧光峰分离出来，将复杂的荧光基团准确分解，因此被广泛用于 DOM 的分析中，可以为 DOM 的定性和定量提供科学依据[3-5]。

PARAFAC 分析在其他的研究中已经有了较为详细的介绍，简而言之，PARAFAC 是一种运用数学模型来分析计算的研究手段。其原理是运用交替最小二乘法程序将多种组分分解成多种载荷矩阵。通常情况下，EEMs 的数据可以组成一个 $I \times J \times K$ 的三维数据集，其中 I 表示样品数量，J 表示发射光谱数目，K 表示激发光谱数目。这个三维数据集可以分解为一系列的三线结构矩阵和残差矩阵[6]，使得三维模型的残差平方和最小，然后将三维的数据集分解成三个矩阵标记为 A（得分矩阵）、B 和 C（载荷矩阵）。其数学计算公式如下：

$$X_{ijk} = \sum_{f=1}^{F} a_{if} b_{jf} c_{kf} + e_{ijk} \quad i = 1, 2, \cdots, I \quad j = 1, 2, \cdots, J \quad k = 1, 2, \cdots, K$$

$$(4\text{-}4)$$

式中，f 表示某一个荧光组分；F 表示荧光组分的总数目；a_{if} 表示第 f 个荧光组分在第 i 个样品中的荧光强度得分；b_{jf} 表示第 f 个荧光组分的在发射光谱负荷；c_{kf} 表示第 f 个荧光组分的在激发光谱负荷；e_{ijk} 表示残差，模型未考虑的误差部分[7]。

本研究使用配备有 DOMFlour 工具包的 Matlab 7.0 软件进行 PARAFAC 分析[8,9]。分析分为以下几个步骤：①所有 DOM 样品均减去去离子水所作的空白 EEMs 谱图；②将减去空白样的 EEMs 谱图进行标准化处理后导入 DOMFlour 工具包中，并导入与激发、发射光谱相关的文件；③在 Matlab 中对 EEMs 数据集进行模型的建立及数据的分析计算；④运用交替最小二乘算法对 PARAFAC 模型求解，计算出 3～8 个可能存在的组分，再分别使用残差、平方误差和置信度等综合指标，得出最优组分和荧光强度[10]。

4.3 结果与分析

4.3.1 绿色屋顶对径流水量的影响

本研究通过模拟北京市 $P=3a$ 的 2 小时模拟降雨试验，分析 1、2、3、4、5、6、7 这 7 个绿色屋顶装置对雨水径流水量的滞留效果。本试验主要通过这些装置对雨水的延缓产流时间和雨水径流削减率这两个指标来评价绿色屋顶对屋面雨水径流的滞留效果。

由图 4-5 可知，所有简单式绿色屋顶装置在模拟降雨开始 10min 之后陆续产流，该试验结果表明简单式的绿色屋顶对屋面雨水产流具有一定的延缓作用，这是由于绿色屋顶装置中植被层和基质层对雨水的吸收作用，当基质层的湿度达到饱和即开始产流。各装置的延缓产流时间的差别较小，仅相差 1～4min，该结果表明植物类型、基质类型和厚度对屋面雨水产流延缓作用相当。

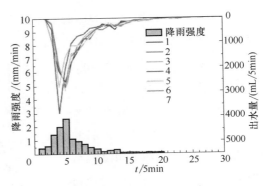

图 4-5　各装置的产流曲线

各绿色屋顶装置对雨水的产流量和径流削减率如图 4-6 所示，所有装置的径流削减率范围为 16.56%～32.69%。大量的研究表明，绿色屋顶对雨水径流的滞留效果十分可观[6-8]。其中绿色屋顶 5（基质厚度为 10cm）的径流削减率最高，其次是装置

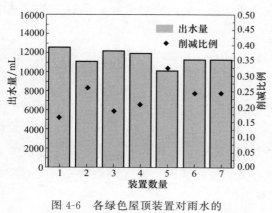

图 4-6　各绿色屋顶装置对雨水的
产流量和径流削减率

2、7、6、4、3、1，表明种植基质层的厚度对绿色屋顶雨水径流削减效果的影响十分显著，基质层越厚，其滞留效果越好。比较基质层不同的绿色屋顶装置1（田园土）和2（草炭）可知，基质层为草炭对径流雨水的削减效果更好（装置2、4和7），而大型田园土对径流雨水的削减效果相对弱一些（1、3和6），这主要是因为在试验过程中田园土出现板结现象，其孔隙率下降，而草炭为基质层的绿色屋顶的孔隙率相对较大，且对水的饱和度较大，因此对径流雨水的滞留效果较好。比较不同植物类型的绿色屋顶装置1（费菜）、3（红叶景天）、6（佛甲草）的径流削减率，其中滞留效果最好的为种植佛甲草的绿色屋顶装置。

4.3.2　绿色屋顶对雨水径流水质净化效果

4.3.2.1　pH

由图 4-7 可以看出，各绿色屋顶的雨水径流 pH 在整个过程中变化很小，均在 8.00～8.50 之间，且均比原水样的 pH 高 0.01～0.4。在流经绿色屋顶装置之后 pH 都有不同程度的升高。pH 是表示溶液酸碱度的一个衡量标准，地表水的国家标准值在 6～9 之间。该试验结果表明，雨水径流在经过绿色屋顶装置的植物层和基质层的截留和过滤作用之后，径流雨水的 pH 呈现微弱的增加趋势，说明绿色屋顶具有降低雨水径流酸度的功能，Kohler 等[9] 在

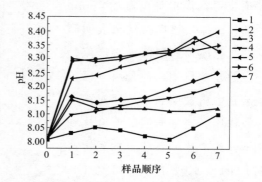

图 4-7　各绿色屋顶装置中径流雨水 pH 变化

德国的试验研究发现绿色屋顶装置的水能够有效地中和当地酸雨。因此，采用绿色屋顶设施能够缓解下游雨水管道的酸化腐蚀程度、钝化有毒物质和减弱建筑物侵蚀。

4.3.2.2 NH₃-N、 NO₃⁻-N 和 TN

从图 4-8 可以看出，雨水在流经绿色屋顶之后形成的径流中 $NH_3\text{-}N$ 的浓度升高，而 $NO_3^-\text{-}N$ 含量与 $NH_3\text{-}N$ 变化呈相反趋势，即经过绿色屋顶之后的出水中 $NO_3^-\text{-}N$ 的含量下降，且出水中 $NH_3\text{-}N$ 的含量越高，则相应的 $NO_3^-\text{-}N$ 的含量越低，该现象和该结果与王书敏等[10] 在研究绿色屋顶径流氮磷浓度分布时所得到的结果一致。TN 的含量在经过绿色屋顶之后也呈现增加的趋势。径流雨水中的 TN 含量与 $NH_3\text{-}N$ 含量变化一样，在经过绿色屋顶之后都增加，这也说明 TN 中 $NH_3\text{-}N$ 的比例比 $NO_3^-\text{-}N$ 大。随着降雨时间的增加，装置出水的 $NH_3\text{-}N$ 含量呈现微弱的下降趋势，而 $NO_3^-\text{-}N$ 和 TN 的含量却是相应有微弱的增加，王书敏等[10] 在对绿色屋顶暴雨径流水质和气象因素相关性分析中也得出接骨草绿色屋顶径流中的 $NH_3\text{-}N$ 含量与降雨时间呈负相关而 $NO_3^-\text{-}N$ 和 TN 的含量与降雨时间呈正相关。

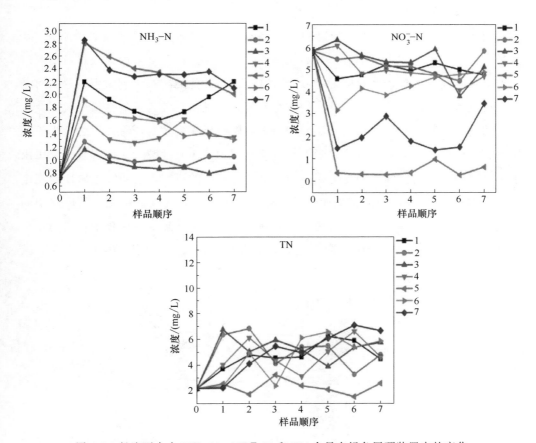

图 4-8　径流雨水中 $NH_3\text{-}N$、$NO_3^-\text{-}N$ 和 TN 含量在绿色屋顶装置中的变化

这可能是由于径流雨水中的溶解氧进入到绿色屋顶中的基质层中，被微生物利用发生硝化反应而将 NH_3-N 转化为硝酸根，而硝酸根又难以被基质层持留的缘故。通过比较装置 5、6 和 7 可知，它们对 NO_3^--N 的去除率的顺序为 6＜7＜5，基质层厚度为 10cm 的装置 5 对 NO_3^--N 的去除效果明显强于基质层厚度为 5cm 的装置 6 和 7，说明基质层的厚度对 NO_3^--N 的去除效果具有一定的影响，且以草炭为基质的装置对 NO_3^--N 的去除比以田园土为基质层的装置去除效果强。其他各绿色屋顶装置对 NO_3^--N 的去除率相当，但弱于佛甲草的三个装置，说明植物层对 NO_3^--N 的去除也有一定的影响。该研究结果与前人的试验结果相似[10,11]。而 Berndtsson 等[7] 在瑞典马尔默和隆德的试验结果表明，绿色屋顶虽能够有效地降低 NH_3-N 的含量，但是硝酸盐和 TN 的含量却有所提升，同时表明绿色屋顶在初期运行时更容易成为氮营养物质的释放源。

4.3.2.3 TP

由图 4-9 可知，在模拟降雨过程中，径流雨水在流经绿色屋顶装置之后的 TP 含量相比于进水中的含量都有所升高，其中装置 5 在产流初期磷的释放量最高，但随着降雨时间的增加，其对磷的释放显著减弱，而其他的所有绿色屋顶装置中对磷的释放随着降雨时间的增加有微弱的减小趋势，这是由于装置 5 的基质层较厚，所含有的磷营养物质较多，因此产流初期雨水对磷造成流失较为严重，但之后由于基质层相对较厚，其对磷的过滤、吸附和截留作用均强于其他装置，使得装置 5 中出水磷含量随着降雨时间下降更为明显，王书敏等[10] 的研究也表明绿色屋顶径流中 TP 的含量随着降雨时间的增加而降低。有研究表明，大气沉降颗粒和基质层中的可溶解性磷物质的释放及植物腐烂分解所释放的磷都是导致绿色屋顶中径流雨水总磷含量升高的主要原因，在夏季，随着降雨次数的频繁，绿色屋顶中磷的释放减

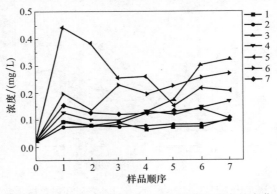

图 4-9 径流雨水中 TP 的含量在绿色屋顶中的变化

少，其至还能够去除雨水中的磷营养物质，这主要是由于多次雨水将基质层中的磷营养物质冲刷出去导致其含量逐渐下降，绿色屋顶装置中的磷营养物质不能满足植物层中植物及微生物的生长需要，且基质层对磷的吸附处于极度不饱和状态，于是当再次降雨时，绿色屋顶中的植物层的吸收及基质层的吸附对磷的去除起主导作用从而去除径流中的磷营养物质。在瑞典和日本福冈的绿色屋顶试验同样表明，绿色屋顶也是溶解性磷营养盐物质的释放源[12]。

4.3.2.4　TOC

TOC 是表明水样中受有机污染物污染程度的指标，该值越大，说明水体受有机污染物污染越严重。图 4-10 的试验结果表明，径流雨水在流经绿色屋顶装置之后，其 TOC 的含量明显高于降水，因此，绿色屋顶存在严重的有机污染物释放的现象。比较绿色屋顶 5 和 6 的 TOC 变化曲线可知，基质层越厚，其释放的有机污染物越多，这些有机质的来源可能是植物层根系的分泌物、表层植物腐烂分解、基质层中的有机肥料和微生物的分泌物等。绿色屋顶 3 的 TOC 含量变化曲线表明，当基质层中的有机质溶出含量较低时，随着降雨时间的增加，基质层能够通过植物的根系及基质层的吸附截留作用来去除径流雨水中的有机污染物。

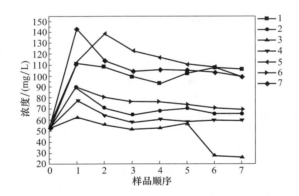

图 4-10　各绿色屋顶装置径流雨水中 TOC 的变化

4.3.2.5　重金属（Cu、Zn、Pb）

图 4-11 为各绿色屋顶对径流雨水中重金属影响的结果，由图可知，各绿色屋顶装置对重金属 Cu 没有去除效果，其至在一些出水中出现 Cu 浓度增加的现象，特别是在初期出水中，而绿色屋顶对重金属 Zn 和 Pb 的去除效果很好。土壤对重金属的去除是一个复杂的过程，包括吸附、截留、沉淀、离子交换和螯合等作用，由于雨水径流在绿色屋顶中的停留时间较短，因此其重金属的去除主要依赖于吸附

和截留作用。而在进水中，Cu 的浓度相对重金属 Zn 和 Pb 较低，而基质层中的 Cu 浓度相对较高，导致径流雨水在经过绿色屋顶装置后出现淋溶现象，但同时也说明了绿色屋顶装置对重金属 Zn 和 Pb 具有很好的吸附和截留作用。

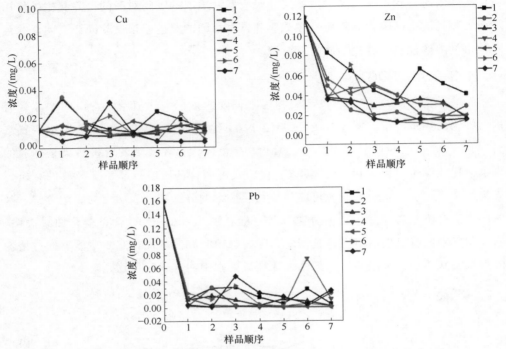

图 4-11　各绿色屋顶装置径流雨水中重金属（Cu、Zn 和 Pb）的变化

4.3.2.6　污染物的总负荷

由图 4-12 可知，绿色屋顶对 NO_3^--N、重金属 Zn 和 Pb 具有一定的吸附、截留作用，而对 NH_3-N、TN、TP、TOC 和重金属 Cu 具有释放的现象。由于不同绿色屋顶装置的植物类型、基质种类及深度的不同，导致了对污染物的吸附、截留和释放量也各不相同，如绿色屋顶装置 3、4 和 5 对重金属 Cu 具有吸附、截留作用，而在装置 1、2、6 和 7 中则存在释放现象。比较试验装置 5、6 和 7 可知，对于基质层厚度为 10cm 的装置 5，其对 NO_3^--N、TN、重金属 Cu 和 Pb 等污染物的去除率最大，该现象表明基质层的厚度对这些污染物的去除具有很大的影响。

4.3.3　绿色屋顶中溶解性有机质光学特征分析

4.3.3.1　三维荧光分析

3D-EEMs 能够在不破坏样品的条件下有效地测出 DOM 的主要组分。前人研

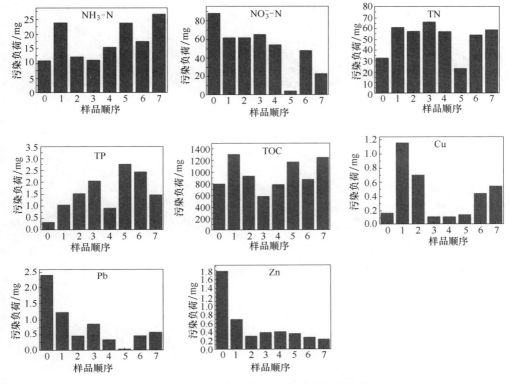

图 4-12　各绿色屋顶装置的污染物的总负荷

究将 3D-EEMs 的荧光峰分为四个类型[13-15]：① $E_x/E_m = (240～290nm)/(370～440nm)$，为类富里酸峰 A；② $E_x/E_m = (200～250nm)/(280～350nm)$，为类蛋白峰 B；③ $E_x/E_m = (250～280nm)/(300～380nm)$，为类蛋白峰 D；④ $E_x/E_m = (350～440nm)/(430～510nm)$，为类腐殖酸峰 C。

由图 4-13 的 3D-EEMs 光谱图可知，原水（0）中的 DOM 存在两个明显的类蛋白峰 B 和 D，但在经过绿色屋顶处理后，径流雨水 DOM 中的两个类蛋白峰的荧光强度随着降雨时间的增加而逐渐下降，但同时出现的类富里酸峰 A 的荧光强度逐渐增强，说明分子结构复杂的腐殖酸类物质增多，该试验结果表明，经过绿色屋顶之后的径流雨水的腐殖化程度增加，这可能是由于雨水径流中部分小分子类蛋白物质被植物根系吸收或基质层吸附截留及其中微生物分解而降低，但同时基质层中的类腐殖酸物质则出现溶出现象，这些类腐殖酸物质可能来自于基质层中的营养物质、植物腐烂分解及微生物的分泌物等。

4.3.3.2　紫外可见光谱分析

由图 4-14 可知，径流雨水中 DOM 的紫外可见光谱没有发现明显的特征吸收

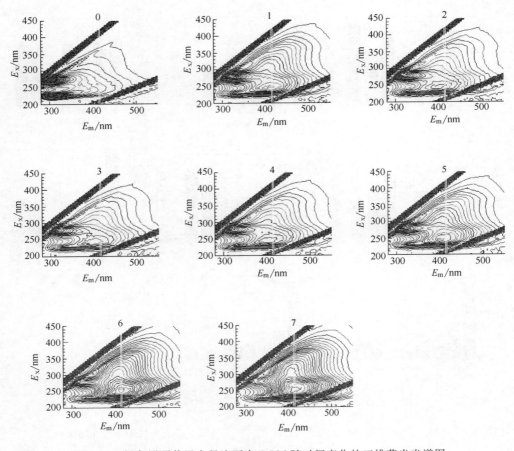

图 4-13　绿色屋顶装置中径流雨水 DOM 随时间变化的三维荧光光谱图

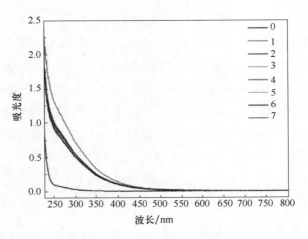

图 4-14　径流雨水中 DOM 的紫外可见光谱曲线在绿色屋顶装置中的变化

峰，径流雨水在经过绿色屋顶之后的紫外可见光谱强度明显增强，特别是在初期出水 1 中。$SUVA_{254}$ 能够表征包括芳香族化合物在内的具有不饱和的 C═C 键和 C═O 键一类的有机化合物，该值与芳香碳的含量及腐殖化程度呈正相关[16]，由表 4-3 可知，径流雨水在经过绿色屋顶装置后，$SUVA_{254}$ 由进水样品的 0.16 增加到初期雨水的 1.24，随着降雨时间的增加，该值有所降低，但明显高于进水，说明径流雨水中非腐殖类物质逐渐向腐殖类物质转化，即含有不饱和碳键的难以被微生物降解的芳香类化合物增加。

为了排除单一特定波长下的干扰因素，在利用紫外可见光谱研究 DOM 的变化时，通常将两个特定波长下的吸光度值进行比值分析。本研究采用了 $A_{250/365}$ 和 $A_{253/203}$ 比值参数来进一步分析径流雨水中 DOM 在绿色屋顶中的变化。

表 4-3 的数值显示进水的 $A_{250/365}$ 值为 11.57，而在经过绿色屋顶装置后的出水的该值下降为 5 左右，均大于 3.5，表示径流雨水中的碳来源主要为富里酸[17]。

表 4-3 显示绿色屋顶出水的 DOM 样品中的 $A_{253/203}$ 随着降雨时间的增加呈现上升的趋势，说明雨水径流在经过绿色屋顶装置之后，DOM 中芳环上的 —OH、—COOH、C═O 和—COOR 的取代基增多[18]。

进水 0 的 $A_{240\sim400}$ 的值为 10.26，在经过绿色屋顶后的初期出水 1 的 $A_{240\sim400}$ 值为 124.71，该值显著增加，随着降雨时间的增加，$A_{240\sim400}$ 值有所下降，但还是明显高于进水，说明经过绿色屋顶装置后的 DOM 中的含有大量极性官能团的芳香类化合物大量增加[19]。

表 4-3　绿色屋顶装置中径流雨水中紫外参数的变化

同一装置采样顺序	紫外特征参数			
	$SUVA_{254}$	$A_{250/365}$	$A_{253/203}$	$A_{240\sim400}$
0	0.16	11.57	0.01	10.26
1	1.24	5.17	0.13	124.71
2	0.92	5.04	0.09	93.80
3	0.95	5.18	0.28	95.47
4	0.89	5.14	0.09	90.14
5	0.88	5.15	0.26	89.68
6	0.86	5.08	0.35	87.57
7	0.95	521	0.34	96.02

4.3.3.3　同步荧光光谱分析

图 4-15 为径流雨水中 DOM 在绿色屋顶装置中随着降雨时间变化的同步荧光

光谱曲线图。根据前人的报道可知，同步荧光光谱中，在 260～314nm 波段的荧光峰为类蛋白荧光组分（protein-like fluorescence，PLF），该峰的出现主要与类色氨酸和类络氨酸物质的存在有关；波长在 314～355nm 范围内的荧光峰为微生物类腐殖酸荧光组分（microbial humic-like fluorescence，MHLF）；荧光峰出现在 355～420nm 波段的为类富里酸组分（fulvic-like fluorescence，FLF）；420～500nm 波段的荧光峰与类腐殖酸组分（humic-like fluorescence，HLF）有关[20]。由图 4-15 可知，进水 DOM 样品（0）在同步荧光光谱图中只出现了一个类蛋白峰 A，而在经过绿色屋顶装置之后，出水 DOM（1～7）出现了一个荧光强度逐渐增加的荧光峰 B，该峰在 325～375nm 波段之间，其位于 MHLF 和 FLF 两类荧光峰段之间，因此峰 B 表示为微生物类腐殖酸物质和类富里酸物质混合的荧光峰。其中类蛋白峰 A 的荧光强度在经过绿色屋顶装置之后随着时间的增加而呈现下降的趋势，其荧光强度由进水的 3854 au 逐渐下降到 1336au。而经过绿色屋顶之后出现的峰 B 的荧光强度随着降雨的时间呈现增加的趋势，其荧光强度由 107.4 au 增加到 791.8 au。

　　DOM 中各波段组分的百分比随着降雨时间在绿色屋顶装置中的变化如图 4-16 所示。其中 PLF 百分比从进水的 91.76 下降到初期出水 1 的 62.07 然后逐渐下降到 42.70，表明径流雨水在经过绿色屋顶装置处理之后 DOM 中的类蛋白物质显著降低。MHLF 百分比的含量由进水的 5.20 增加为绿色屋顶装置中初期出水样品 1 的 15.54，然后再逐渐增加到 23.76。FLF 百分比也由 2.55 增加到 26.81。而 HLF 百分比的增加率相对较低，从 0.48 到 6.72。说明在经过绿色屋顶的处理之后，径流雨水中的微生物类腐殖酸物质和类富里酸物质的含量具有同等的增加，类腐殖酸物质增加相对较少，而径流雨水中类蛋白物质的含量则减少，该现象与之前的分析

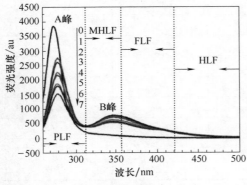

图 4-15　径流雨水中 DOM 在绿色屋顶
装置中随降雨时间变化的同步荧光光谱图

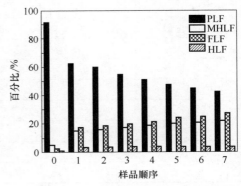

图 4-16　DOM 样品中各组分在绿
色屋顶装置中的变化

结果一致，但同时也说明了绿色屋顶出水中腐殖化程度的增加主要是微生物类腐殖酸及类富里酸物质的增加所致，也表明了夏季绿色屋顶中微生物比较活跃。

4.3.4 统计学分析——平行因子分析

图 4-17 为利用 PARAFAC 将 DOM 扫描所得的 EEMs 数据进行分类所得的四个荧光光谱组分：组分 1（C1）、组分 2（C2）、组分 3（C3）、组分 4（C4）。每个组分都有一个单一的发射峰和两个激发峰。

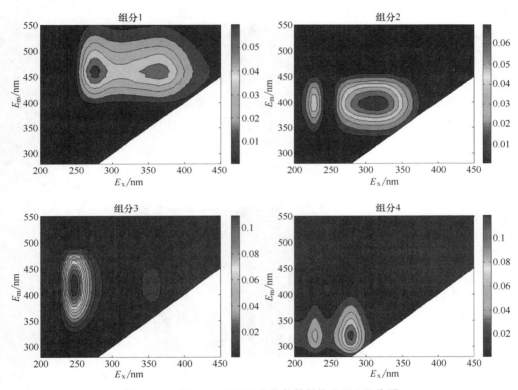

图 4-17　EEMs-PARAFAC 分离所得的 DOM 组分图

其中 C1 的位置为 $E_x/E_m=275nm$（365nm）/460nm，该峰为典型的可见类腐殖酸峰，体现了类腐殖酸峰的荧光特性，其中峰 $E_x/E_m=275nm/460nm$ 为典型的峰 A，而峰 $E_x/E_m=365nm/460nm$ 为峰 C，该峰的荧光特征与许多前人报道的陆源类腐殖酸峰相似[21-23]。

C2 的位置为 $E_x/E_m=315nm$（230nm）/395nm，为类腐殖酸峰 M，这类型的荧光峰之前通常在海洋环境中发现，但是最近也在受农业影响的淡水及饮用水供应的地下水体中发现[24-26]。

C3 位于 $E_x/E_m=245nm$（355nm）/420nm，其中峰 $E_x/E_m=355nm/420nm$ 的荧光强度相对较低，因此其可以忽略不计，而主峰 245nm/420nm 为典型的陆源腐殖酸峰 A[25,27]。

C4 由 $E_x/E_m=230nm/320nm$ 和 280nm/320nm 两个峰组成，为典型的类蛋白峰，通常被认为是土著的类色氨酸峰 T，该组分经常在污水及自然水体的 DOM 中被发现[23,27]。

由图 4-18 PARAFAC 所得到的组分在绿色屋顶装置中的变化可知，径流雨水在经过绿色屋顶中的植物层和基质层之后，其类蛋白物质即 C4 的含量在初期增加然后逐渐降低，而类腐殖质物质 C1、C2 和 C3 的含量却大大增加。类蛋白物质在初期出水中增加的原因主要是植物层和基质层中类蛋白物质的溶出及微生物分解有机质之后的小分子物质的溶出大于基质层和植物层对小分子类蛋白物质的吸附和截留作用，但随着时间的增加，装置中类蛋白物质逐渐减少，并低于进水值，表明植物层、基质层的吸附和截留对类蛋白物质的去除起主导作用。而类腐殖酸类物质的增加，主要是基质层中的有机质和微生物的代谢物及植物层中植物腐烂分解物质溶出。

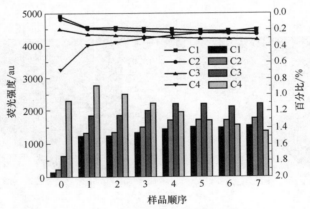

图 4-18　PARAFAC 组分在绿色屋顶装置中的变化

4.3.5　统计学分析——主成分分析

为了进一步评价绿色屋顶装置中 DOM 各荧光组分的变化规律，本研究利用 PARAFAC 分析所得的各组分的荧光强度数据进行主成分解析。通常通过 KMO 和 P 检测值来评估 PCA 对该数据分析的可行性，其中 P 值小于 0.001，一般 KMO>0.9 被认为是非常适合，0.8<KMO<0.9 为适合，0.7<KMO<0.8 为一般，KMO<0.7 为不合适。在本研究中，KOM 值为 0.924，$P<0.001$，因此可以

进行 PCA 分析。对所有的 PARAFAC 荧光组分的强度进行 PCA 分析，其中前几个主成分的累积贡献率达到 85％以上，即可得到几个主成分，本研究 PCA 分析后第一主成分和第二主成分的贡献率分别为 69.64％和 25.02％，两者的累积贡献率达到了 94.66％，因此 PCA 将各 PARAFAC 组分的荧光强度分为两个因子：F1 和 F2，每个因子与 PARAFAC 各组分之间的关系如下：

$$F1 = 0.970C1 + 0.987C2 + 0.923C3 - 0.135C4 \tag{4-5}$$

$$F2 = 0.056C1 - 0.037C2 + 0.126C3 + 0.990C4 \tag{4-6}$$

其中，主成分图如图 4-19（a）所示，四个 PARAFAC 组分中类蛋白组分 C4 与主成分 1 负相关，与主成分 2 正相关，且具有较高的 F2 负荷，更接近于主成分 2 轴，而类腐殖酸组分 C1、C2 和 C3 在 F2 上呈现较低的负荷，说明 F2 中类蛋白物质占主导地位，其表示类蛋白物质因子，C1、C2 和 C3 在 F1 上具有很高的负荷，而类蛋白物质 C4 在 F1 上具有低负荷，因此 F1 是代表以类腐殖酸物质为主的因子。因此本研究通过 PCA 与 PARAFAC 分析的结合来分离出 DOM 中不同特征的荧光组分，并分析不同样点处荧光物质的特征及贡献率。

为了分析径流雨水中 DOM 的各组分在绿色屋顶装置中随降雨时间变化的关系，取其中一个绿色屋顶装置中的 8 个样品的 PCA 得分作图进行分析，如图 4-19（b）所示，其中绿色屋顶装置的进水 0 在 F2 上的得分很高，为 3.15，而绿色屋顶出水 DOM 的 F2 得分显著下降，从样品 0 到 1，F2 的分数由 3.15 下降到 0.31，且 F1 的得分显著提高，由－1.68 增加到－1.09，并随着降雨时间的增加，DOM 在 F1 的得分逐渐增大，而 F2 得分逐渐减小。因此表明径流雨水经绿色屋顶装置处理之后，类腐殖酸物质的贡献增大。

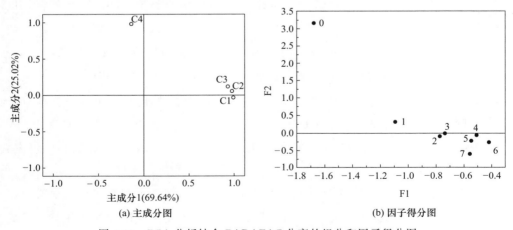

(a) 主成分图　　　　　　　　　　(b) 因子得分图

图 4-19　PCA 分析结合 PARAFAC 分离的组分和因子得分图

表 4-4 列出了平行因子所得的各组分之间的相关性。其中 C1 和 C2、C3 为显著相关（$P<0.005$）。且所有的类腐殖酸组分 C1、C2 和 C3 都与类蛋白组分 C4 呈负相关。进一步证明了类腐殖酸物质之间的相同来源和组分特征。

表 4-4　平行因子各组分之间的相关性

项目	C1	C2	C3	C4
C1	1.000			
C2	0.976[①]	1.00		
C3	0.823[①]	0.860[①]	1.00	
C4	−0.068	−0.165	−0.014	1.00

① 表示相关性 $P<0.005$。

4.3.6　绿色屋顶中溶解性有机质与重金属相互作用机理分析

4.3.6.1　三维荧光分析

图 4-20～图 4-22 为 DOM 样品与不同浓度的 Cu^{2+}、Pb^{2+} 和 Zn^{2+} 进行淬灭滴定实验所得到的 3D-EEMs 光谱图。从这些图中能够清晰地看出 DOM 与重金属离子的配合能力及重金属离子浓度对 DOM 的影响。由图可知，在滴定前，DOM 样品中具有四个明显的荧光峰，这些峰的位置 E_x/E_m 分别为：227nm/340nm、279nm/311nm、260nm/420nm 和 316nm/407nm，分别对应 S、B、A 和 M 峰。其中荧光峰 S 和 B 为典型的低激发波长和高激发波长类蛋白峰，A 和 M 峰为类腐殖酸峰。随着重金属离子的加入，DOM 样品与 Cu^{2+} 配合的三维荧光光谱图中的四个荧光峰都发生明显的淬灭，而 DOM 与 Pb^{2+} 和 Zn^{2+} 发生淬灭的荧光图中的四个荧光峰强度无固定趋势且变化微弱，表明 Cu^{2+} 既能够与类蛋白物质发生配合，也能与腐殖质发生相互作用。表 4-5 列出了 DOM 样品在加入重金属离子之后四个荧光峰强度的变化。随着重金属浓度的增加，Cu^{2+} 能够很好地将四个荧光峰淬灭，其中与峰 A 淬灭的程度最大，表明类腐殖峰 A 类的物质中含有更多的与 Cu^{2+} 发生相互作用的结合位点。而随着 Pb^{2+} 浓度增加，四个荧光峰的强度虽然最终都有微弱的下降，但其表现为先下降再上升然后再下降，其中淬灭程度最大的为类蛋白峰 S，说明荧光峰 S 中含有的类蛋白物质中具有更多的与重金属 Pb^{2+} 相结合的位点。DOM 与 Zn^{2+} 的相互作用与 Pb^{2+} 相似，不同的是当其浓度增大为 $200\mu mol/L$ 时，类腐殖酸峰 A 和 M 的荧光强度不但没有下降反而有微弱的上升趋势。出现这种荧光强度增加的现象的原因可能为，Pb^{2+} 和 Zn^{2+} 的加入使类腐殖酸物质和类富里酸物质的一些发光基团显露出来，从而使荧光强度增大，但随着荧光物质浓度的增

大，发生自淬灭现象，然后导致荧光强度再次降低。该结果也同时表明，这些物质对 Pb^{2+} 和 Zn^{2+} 的淬灭不起主导作用。

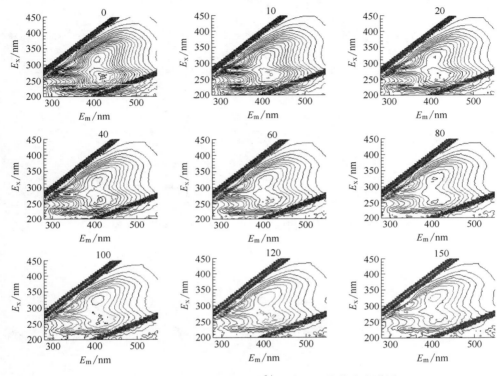

图 4-20　DOM 与不同浓度 Cu^{2+} 配合的三维荧光光谱图

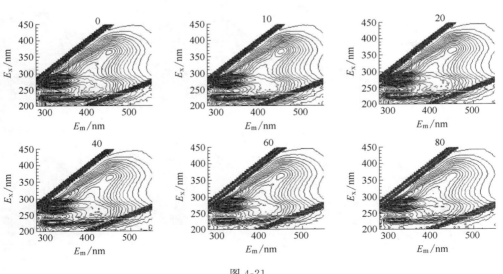

图 4-21

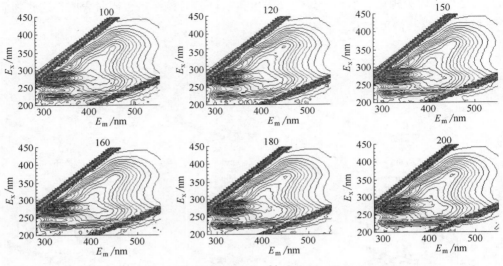

图 4-21 DOM 与不同浓度的 Pb^{2+} 配合的三维荧光光谱图

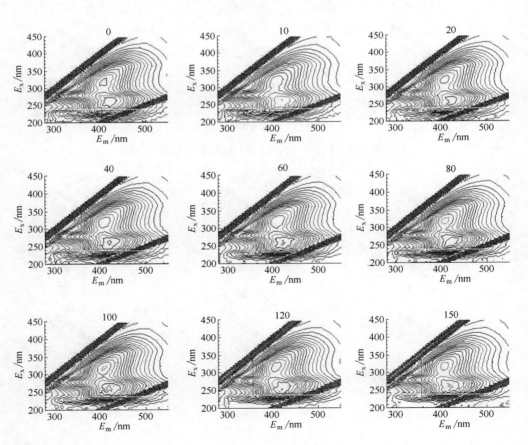

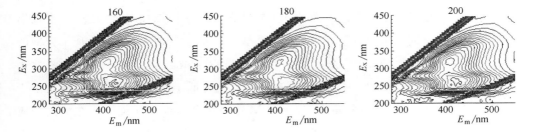

图 4-22 DOM 与不同浓度 Zn^{2+} 配合的三维荧光光谱图

表 4-5 DOM 中加入不同浓度 Cu^{2+}、Pb^{2+} 和 Zn^{2+} 后荧光峰强度的变化

C /(μmol/L)	S			B			A			M		
	Cu^{2+}	Pb^{2+}	Zn^{2+}	Cu^{2+}	Pb^{2+}	Zn^{2+}	Cu^{2+}	Pb^{2+}	Zn^{2+}	Cu^{2+}	Pb^{2+}	Zn^{2+}
0	1231	1951	957	1489	3970	1088	1998	1746	2037	1826	1449	1833
10	1318	1798	1061	1421	3863	1050	1690	1632	1758	1564	1551	1572
20	1038	1908	794	1295	4023	983	1500	1646	2051	1396	1494	1839
40	909	1392	818	1172	3859	1032	1303	1603	2150	1239	1348	1868
60	882	1375	855	1071	3875	1000	1217	1551	2090	1176	1345	1886
80	676	1120	906	958	3769	1039	1092	1461	2151	1090	1259	1925
100	663	1173	694	919	3639	992	998	1401	2132	1036	1225	1908
120	593	1051	713	846	3743	1002	928	1344	2090	964	1209	1849
150	569	1064	677	792	3903	1083	821	1408	1898	912	1179	1738
160	—	973	669		3749	1091	—	1359	2077		1189	1923
180	—	1131	560		4015	1017		1500	1762		1210	1618
200		915	626		3864	1076		1404	2056		1201	1833

4.3.6.2 紫外-可见光荧光分析

DOM 中含有大量的不饱和键、不同类型的官能团及芳香性结构，因此通过扫描 DOM 与重金属离子配合样品的紫外可见光谱能发现 DOM 样品与不同重金属离子之间配合物结构的差异性。通常情况下，DOM 样品的紫外吸光度值随着包场的增加而下降，紫外可见光谱没有明显的特征峰，但是在加入不同浓度的重金属离子之后，紫外光谱曲线会出现不同强度的吸收峰及曲线。由图 4-23 可知，随着重金属离子浓度的增加，Cu^{2+} 和 Pb^{2+} 的紫外可见光谱曲线在 $220\sim260nm$ 之间出现了吸收峰，并且该峰的荧光强度随着浓度的增加而增加，该结果与 Bai 的关于 DOM 与重金属配合的研究结果一致[28]。而在 $200\sim250nm$ 范围内主要表现为含有羟基、

酚羟基、羧基和酯类官能团的物质，因此说明 DOM 中的这些官能团与重金属 Cu^{2+} 和 Pb^{2+} 发生了配合作用。而 DOM 样品在加入不同浓度 Zn^{2+} 之后，表现出了与其他金属不同的现象，紫外可见光谱曲线在 $220\sim260nm$ 之间只出现了微弱的吸收峰，且其峰值随着 Zn^{2+} 浓度增加而只是呈现了微弱的变化，甚至在浓度为 $10\mu mol/L$、$20\mu mol/L$ 和 $40\mu mol/L$ 时的吸光度值还低于原来的值，这可能是由于之前的一些比 Zn^{2+} 不活泼的重金属与 DOM 中的某些官能团相配合，在活泼金属 Zn^{2+} 下被还原导致其吸光度值降低，但是随着浓度的继续增加，在该处的吸光度值也在微弱增加，但在 $200\mu mol/L$ 时，又出现下降，表明 DOM 在该处的官能团与 Zn^{2+} 的相互作用较弱，该结果与三维荧光光谱的结果一致。一般情况下，DOM 的分子结构及所处的环境等外部因素都会对其与重金属离子的相互作用构成一定的影响，例如，跨环效应、空间位阻、助色团和共轭体系等分子内部结构因素，溶液 pH、温度及共存离子的存在等外部因素[29]，其中类腐殖酸的含量也能构成一定的影响。DOM 与 Zn^{2+} 的配合有可能是受其中一个因素或者多个因素的共同影响，具体机理需要更进一步的研究。

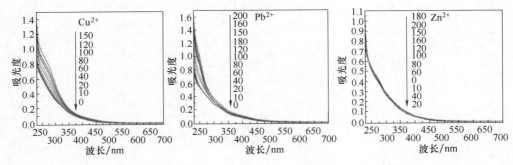

图 4-23　DOM 与 Cu^{2+}、Pb^{2+} 和 Zn^{2+} 配合的紫外可见光谱图

4.3.6.3　溶解性有机质不同组分与 Cu^{2+}、Pb^{2+} 和 Zn^{2+} 的相互作用

本试验选择进水（0）、初期出水（1）和后期出水（5）为例来进行分析。图 4-24 为 PARAFAC 分析得到的所有组分与 Cu^{2+}、Pb^{2+} 和 Zn^{2+} 配合的荧光强度随重金属离子浓度变化的曲线图，从图中可以看出，Cu^{2+} 能够与所有的组分发生明显淬灭，每个组分的荧光强度随着离子浓度的增加而逐渐下降，但不同组分的淬灭程度却各不相同，说明不同的组分与 Cu^{2+} 的配合能力不同，这与每个平行因子组分所含有的官能团结构有关。Pb^{2+} 和 Zn^{2+} 与不同组分的淬灭曲线与 Cu^{2+} 的有所不同，淬灭效果与前人的研究一致[30]。虽然荧光强度最终都有微弱的淬灭，但是

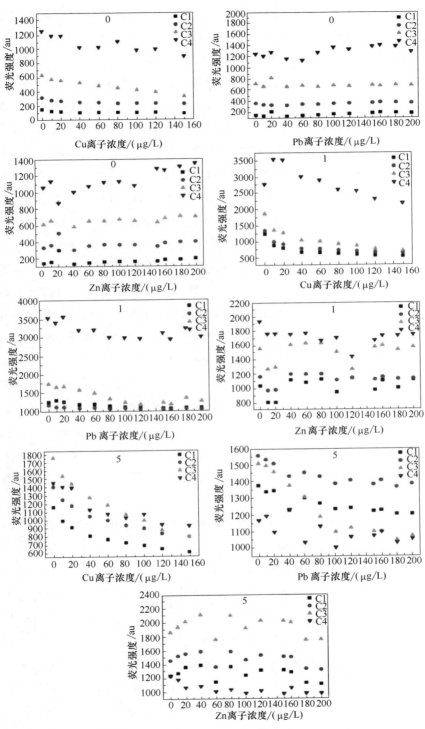

图 4-24　DOM 与 Cu^{2+}、Pb^{2+} 和 Zn^{2+} 配合的荧光淬灭滴定图

其在离子浓度较低或者较高的情况下出现了荧光强度随着浓度增加先升高再下降的现象，特别是Zn^{2+}与DOM的配合，DOM的四个PARAFAC组分与Zn^{2+}的淬灭都出现了该现象，而Pb^{2+}与类蛋白C4的配合曲线相比于其他三个组分更为明显，且该现象在径流雨水经过绿色屋顶之后更为显著，该结果与前人所得到的DOM与Pb^{2+}和Zn^{2+}发生淬灭的趋势一致。出现这些现象的原因有：①DOM分子中潜在的荧光物质在重金属离子的激发等外界环境的干扰下显现出来；②绿色屋顶中植物层中植物根系的分泌物和植物腐烂分解的产物、基质层本身所含有的物质及其中微生物的代谢物等物质中含有能够产生荧光效应的物质，而这些物质在径流雨水的淋溶作用下溶解并随着流出绿色屋顶装置，导致出水DOM中的荧光强度增加；③绿色屋顶植物层和基质层及其中的微生物的截留、吸附和分解作用，同时植物层和基质层中的有机质在径流雨水中的溶出，导致了出水中的类蛋白物质相对减少，而有机质及类腐殖质等大分子物质增加，进而使得出水DOM中类腐殖组分的荧光强度增加，而相应的类蛋白物质荧光强度削弱，且该现象随着降雨时间的增加更为明显，这可能是由于径流雨水在基质层中停留的时间相对较长，使得微生物对基质层中所截留和吸附的类蛋白物质充分降解，使得出水中的类蛋白物质急剧减少，相应的荧光强度减弱。比较绿色屋顶装置进水与出水DOM与Cu^{2+}、Pb^{2+}和Zn^{2+}的淬灭滴定曲线可知，初期出水DOM中所有的组分与各重金属离子的配合的荧光强度显著增加，但随着时间的增加，各组分与重金属离子发生淬灭的荧光的强度呈现降低的趋势，尤其是类蛋白组分C4下降得更为明显，这与出水中类蛋白物质的含量降低有关。DOM的同一个组分与不同的重金属离子的淬灭曲线的差异，表明了DOM与重金属相互作用的异步性，而同种重金属与不同组分相互结合的曲线的不同说明了DOM的不均匀性。

本研究采用了非线性拟合模型所得到的数据来说明DOM与重金属发生淬灭的过程，同时也是为了进一步获得不同DOM组分与Cu^{2+}、Pb^{2+}和Zn^{2+}的结合能力强弱的信息。表4-6列出了由该拟合模型所得到的lgK值和淬灭率f。比较不同重金属可以发现，Cu^{2+}与DOM组分的拟合效果最好，其可以与每个组分都能够很好地拟合，Pb^{2+}和Zn^{2+}与径流雨水中DOM各组分的拟合效果很不好，但是在流经绿色屋顶之后，DOM的一些组分能够与Pb^{2+}和Zn^{2+}成功拟合，表明经过绿色屋顶处理的出水DOM中的组分与Pb^{2+}和Zn^{2+}发生配合的能力改变。比较同一种金属与不同组分的区别可知，Cu与DOM中类蛋白C4的lgK值明显高于类腐殖酸物质C1、C2和C3，表明Cu^{2+}与类蛋白物质具有较强的配合能力，该结果与很多前人所得到的结果一致，并表明它们的结合位点位于酚醛基等官能团上。随着降雨时间的增加，DOM 中各组分与重金属离子的淬灭率都有所增加，表明与重金属离子配合的物质增加。该试验结果表明，经过绿色屋顶的出水中 DOM 与重金属离子的配合能力增强，这可能导致重金属离子在水体中的迁移的潜在风险有所增加，但同时能够减弱与水体相应的土壤受重金属污染的风险。

表 4-6 Ryan-Weber 模拟 PARAFAC 所得的组分与重金属配合 lgK 值和淬灭率（f）

项目	S0		S1				S5					
	Cu^{2+}		Cu^{2+}			Zn^{2+}	Cu^{2+}			Pb^{2+}		Zn^{2+}
	C1	C2	C1	C2	C3	C4	C1	C2	C4	C2	C3	C4
lg$K$	1.31	1.24	1.56	1.44	1.09	1.86	0.79	0.43	1.99	1.55	3.40	1.95
R^2	0.95	0.99	0.99	0.99	0.99	0.32	1.00	1.00	0.93	0.93	0.98	0.85
$f/\%$	0.41	0.30	0.40	0.37	0.49	0.10	0.48	0.44	0.36	0.11	0.29	0.21

4.3.6.4 二维相关光谱分析

UV-Vis 能够提供关于 DOM 的结构官能团、芳香性和腐殖化程度等方面的信息，通过分析 3D-EEMs 能够对 DOM 的荧光组分进行定性分析，并且利用 PARAFAC 对其矩阵数据进行分析可以分离得到 DOM 的各个主要成分，淬灭滴定实验能够提供 DOM 各组分与重金属相配合的能力，然而关于重金属离子具体与 DOM 的哪个部位发生相互配合，即结合点的位置和结合的先后顺序都不能够显示，而 2D-COS 能够提供这些相关信息[31]。因此本研究采用 2D-COS 来分析 DOM 样品与重金属离子的配合位点和配合能力。本试验以重金属的离子浓度为外界干扰因素来分析不同重金属与 DOM 的配合位点，并对绿色屋顶装置进水和出水 DOM 与重金属离子相互作用的二维相关光谱图进行比较，来分析绿色屋顶装置对重金属与 DOM 相互作用的影响。本研究以同一绿色屋顶装置进水（0）和出水（5）的 DOM 为样本来研究其与 Cu^{2+}、Pb^{2+} 和 Zn^{2+} 三种重金属离子相互作用的机理及在 LID 设施中的变化，并通过分析绿色屋顶装置进水与出水二维相关光谱图的变化来评价其对受纳水体的环境效应。

图 4-25 为绿色屋顶进水和出水 DOM 与 Cu^{2+} 配合的二维同步相关光谱图，由图 4-25（a）可知，进水样品在 275nm 处出现一个自发峰，而出水样品在对角线上出现了三个自发峰 [图 4-25（b）]，其中两个正峰和一个负峰，分别位于 275nm、337nm 和 300nm，这与前人的研究结果相似[32]。荧光强度的大小顺序为 275nm＞337nm＞300nm，说明这三个波长处的荧光物对 Cu^{2+} 浓度变化的敏感度顺序为 275nm＞337nm＞300nm，且这三个峰的荧光强度比进水显著增加。同时在出水样品光谱图的对角线下方发现一个正交叉峰，位于 $X/Y = 337nm/275nm$，表明

337nm 处和 275nm 处的荧光峰强度受 Cu^{2+} 浓度变化影响的趋势一致，即两峰的荧光强度都随着 Cu^{2+} 浓度的增加而下降。该结果表明，经过绿色屋顶处理之后的径流雨水对 Cu^{2+} 浓度变化更为敏感。

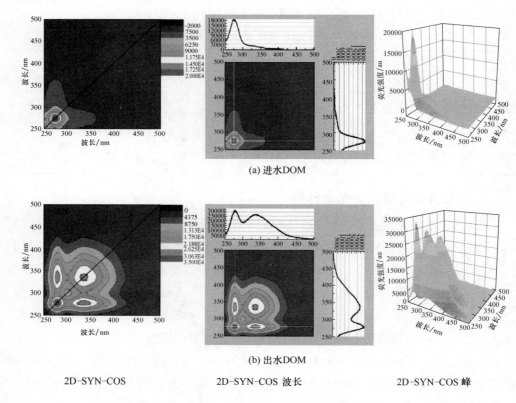

图 4-25　绿色屋顶进水和出水 DOM 与 Cu^{2+} 配合的二维同步相关光谱图

进水的二维异步相关光谱图在对角线下方显示一个正交叉峰 [图 4-26（a）]，位于 $X/Y=300nm/275nm$，表明 DOM 与 Cu^{2+} 的配合顺序为 300nm＞275nm，一般情况下，260～314nm 波段表示为类蛋白物质，355～420nm 之间的波段表示为类富里酸物质，因此该结果说明 Cu^{2+} 与类蛋白物质的结合能力较强。而在经过绿色屋顶之后的出水样品与 Cu^{2+} 的配合异步图显示了两个正交叉峰，分别位于 $X/Y=360nm/275nm$ 和 $X/Y=275nm/260nm$，峰强度的顺序为 $X/Y=360nm/275nm＞X/Y=275nm/260nm$，因此 DOM 与 Cu^{2+} 在 260nm、275nm 和 360nm 处的配合顺序为 360nm＞275nm＞260nm，且这两个荧光峰的强度比进水的增加，因此该结果表明，径流雨水在经过绿色屋顶处理之后，增加了 Cu^{2+} 与类富里酸物质的配合位点，且与 DOM 的配合能力增强，造成这些现象的原因是绿色屋顶装置出水的腐殖化程度增加，即相当于在进水 DOM 中增加了腐殖酸物质的含量，从而增加了 Cu^{2+} 与类腐殖酸物质配合的位点，同时由先前的分析结果可知，在经过绿色屋顶之后的出水 pH 有所增高，这也可能是造成配合位点及能力的改变的一个外部因素，具体情况有待进一步研究。

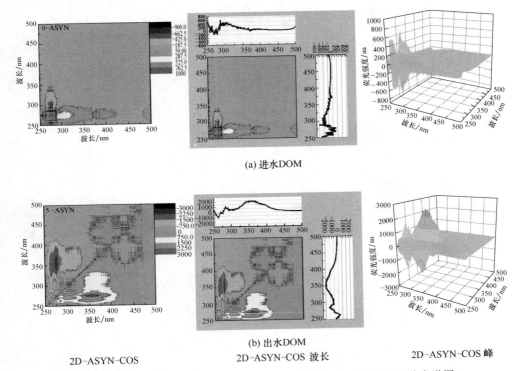

(a) 进水DOM

(b) 出水DOM

2D-ASYN-COS   2D-ASYN-COS 波长   2D-ASYN-COS 峰

图 4-26   绿色屋顶进水和出水 DOM 与 Cu^{2+} 配合的二维异步相关光谱图

与 Cu^{2+} 一样，进水 DOM 与 Pb^{2+} 的同步光谱图也在 275nm 处出现一个正自发峰［图 4-27 (a)］，但是该自发峰的范围比 Cu^{2+} 的要缩小，且荧光强度也相对弱很多，说明进水 DOM 对 Pb^{2+} 的浓度变化的敏感度弱于 Cu^{2+}。而出水 DOM 样品出现了两个正自发峰，峰位置为 275nm 和 340nm［图 4-27 (b)］，峰强度的大小为 340nm＞275nm，说明位于 340nm 附近的微生物类腐殖酸物质对 Pb^{2+} 的浓度变化的敏感度强于 275nm 处的类蛋白物质，且出水 DOM 的荧光峰强度高于进水，该结果表明，在经过绿色屋顶处理之后，径流雨水对 Pb^{2+} 的浓度变化更为敏感。

进水 DOM 与 Pb^{2+} 的异步光谱图在 $X/Y＝280nm/270nm$ 处显示一个荧光强度极弱的负交叉峰［图 4-28 (a)］，说明 Pb^{2+} 与 DOM 中的类蛋白物质的结合能力较弱，且在该两个波长处的配合顺序为 270nm＞280nm。而绿色屋顶出水在 $X/Y＝285nm/256nm$ 处显示一个正交叉峰，峰的荧光强度增加，相比于进水的荧光峰出现了微弱的蓝移，但荧光强度同样很弱，而配合顺序为 285nm＞256nm，说明经过绿色屋顶之后的出水 DOM 与 Pb^{2+} 的配合能力增强。

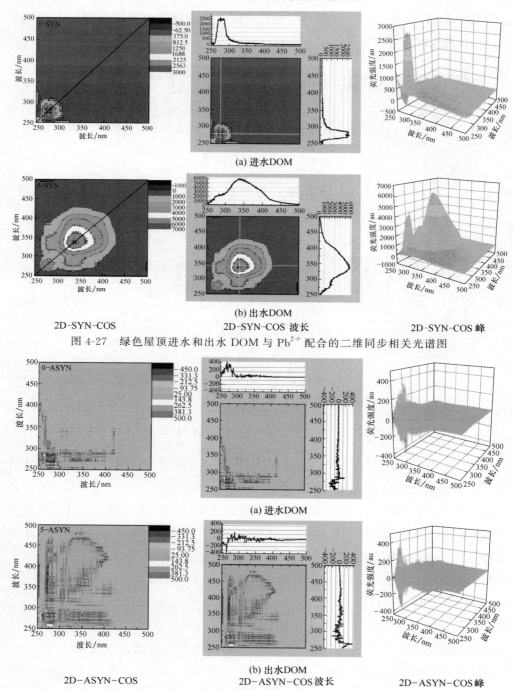

2D-SYN-COS   2D-SYN-COS 波长   2D-SYN-COS 峰

图 4-27 绿色屋顶进水和出水 DOM 与 Pb^{2+} 配合的二维同步相关光谱图

2D-ASYN-COS   2D-ASYN-COS 波长   2D-ASYN-COS 峰

图 4-28 绿色屋顶进水和出水 DOM 与 Pb^{2+} 配合的二维异步相关光谱图

相比于 Cu^{2+} 和 Pb^{2+} 的二维同步图，绿色屋顶装置进水中 DOM 与 Zn^{2+} 配合的二维同步图中除了在 275nm 处出现一个自发峰外 [图 4-29（a）]，还在 340nm 处出现了一个自发峰，峰值大小为 275nm＞340nm，表明在 275nm 光谱带的类蛋白物质比在 340nm 光谱带的微生物类腐殖酸物质优先与 Zn^{2+} 配合，该结果与前面由 Ryan-Weber 拟合模型得出的结果一致。同时在 $X/Y=350nm/275nm$ 处出现了一个交叉负峰，表明 DOM 中在 350nm 光谱带的荧光物质的强度与在 273nm 处的光谱带的荧光物质的强度在受到重金属 Zn^{2+} 浓度变化的扰动下呈现负相关，即微生物类腐殖酸物质的荧光强度随着类蛋白物质的荧光强度的增加而减少，3D-EEMs 中 S 峰的荧光强度与峰 A 的荧光强度呈负相关也证明了这个现象。出水 DOM 与 Zn^{2+} 配合的同步图的对角线上同样显示两个自发峰，峰的位置为 280nm 和 345nm，峰值大小为 345nm＞281nm，自发峰的荧光强度和自发峰范围相比明显增大 [图 4-29（b）]，该现象表明，经过绿色屋顶处理之后，径流雨水中 DOM 对 Zn^{2+} 的浓度变化更为敏感。

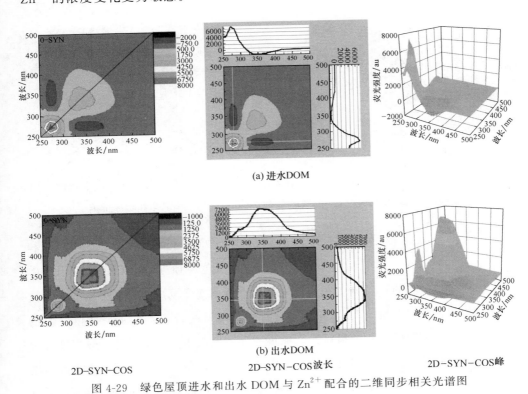

(a) 进水DOM

(b) 出水DOM

2D-SYN-COS   2D-SYN-COS波长   2D-SYN-COS峰

图 4-29 绿色屋顶进水和出水 DOM 与 Zn^{2+} 配合的二维同步相关光谱图

进水中 DOM 与 Zn^{2+} 配合的异步图在对角线的下方出现了两个负交叉峰，位置为 $X/Y=340nm/275nm$ 和 $X/Y=275nm/<250nm$ [图 4-30（a）]，其配合顺序

为 250nm＞275nm＞340nm，说明 Zn^{2+} 与类蛋白物质的结合能力强。而出水样品的异步图显示一个正交叉峰（$X/Y=395nm/330nm$）和一个负交叉峰（$X/Y=350nm/275nm$）［图 4-30（b）］，因此其配合顺序为 395nm＞330nm＞275nm＞350nm，表明在经过绿色屋顶处理之后，Zn^{2+} 与雨水径流中的类富里酸物质的结合能力增强，且配合位点也增加。

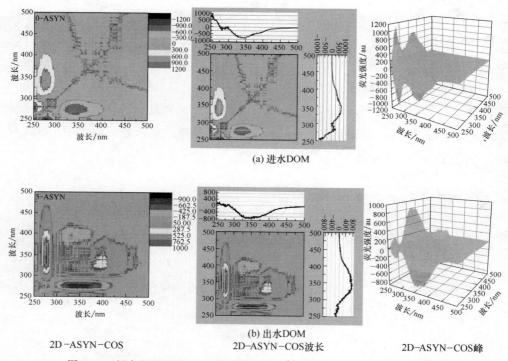

图 4-30　绿色屋顶进水和出水 DOM 与 Zn^{2+} 配合的二维异步相关光谱图

　　总之，通过分析绿色屋顶装置进水和出水 DOM 与重金属 Cu^{2+}、Pb^{2+} 和 Zn^{2+} 相互配合的 2D-COS 光谱分析可知，在经过绿色屋顶处理之后，径流雨水中的微生物类腐殖酸物质比类蛋白物质优先与各重金属离子反应，且重金属与类腐殖酸类物质的配合能力增强，同时 DOM 与重金属离子配合位点增加，而由之前的 UV-Vis 和 PARAFAC 分析结果可知，绿色屋顶装置出水 DOM 的腐殖酸程度显著增加，而其中的类蛋白物质却显著减少，因此绿色屋顶所产生的径流雨水可能会增加其下游生态系统中的重金属在水生态系统中迁移的风险，但同时会相应地降低其所流经的土壤、坡岸带等受重金属污染的风险，即能够缓解 LID 设施中土壤层对重金属达到的饱和时间，增加 LID 设施有效性的时间。

4.4 本章小结

本章主要分析了简单绿色屋顶装置对雨水径流水量水质的控制规律，并运用多种荧光光谱技术结合多种分析方法研究了绿色屋顶对雨水径流中 DOM 及其与重金属离子相互作用的影响，并讨论了绿色屋顶出水中 DOM 与重金属离子相互作用的变化对受体水环境的效应，得到了以下结论。

① 绿色屋顶能够有效地延缓产流时间和削减径流量，且这种效应与基质层的厚度呈正相关，绿色屋顶装置中的植物种类和基质层的类型对雨水径流效果影响不明显。

② 绿色屋顶能够增加出水的 pH 从而降低受纳水体酸化的风险。绿色屋顶装置的出水中的 NH_3-N、TN、TP、TOC 和重金属 Cu 污染物的浓度高于进水浓度，表明绿色屋顶的种植基质存在着污染物的释放现象。

③ 通过 3D-EEMs、UV-Vis 和同步荧光光谱可以发现，经过绿色屋顶装置的出水的芳香化程度和腐殖化程度增加，这可能是基质层有机污染物的溶出所致。

④ 利用 PARAFAC 分析方法对所得到的所有试验样品进行分析，得到四个平行因子组分：三个类腐殖酸峰（C1、C2、C3）和一个类蛋白峰（C4）。且对得到的四个平行因子组分进行 PCA 分析发现，三个类腐殖酸组分存在很大的相关性。

⑤ 通过 DOM 与各重金属离子的淬灭滴定实验可知：Cu^{2+} 与 DOM 中的类蛋白物质的配合能力较强，Pb^{2+} 与类腐殖酸物质的配合能力强于类蛋白物质，而 Zn^{2+} 与类蛋白物质的配合能力较强。虽然所有的 DOM 样品的荧光强度随着重金属离子的浓度增加而呈现下降的趋势，但是它们的变化曲线则各不相同。

⑥ 由 UV-Vis 分析可知：DOM 样品的紫外吸收强度随着 Cu^{2+} 和 Pb^{2+} 浓度的增加而增加，而 DOM 样品与 Zn^{2+} 发生作用的紫外吸收强度的变化趋势却有所不同，其波动幅度较大。

⑦ 由 2D-SYN-COS 分析可知：在经过绿色屋顶处理之后的出水对三个重金属离子（Cu^{2+}、Pb^{2+} 和 Zn^{2+}）的浓度变化更为敏感，DOM 与重金属离子的配合位点增加且向类腐殖酸物质处偏移。

由 2D-ASYN-COS 分析可知：进水 DOM 与 Cu^{2+} 的配合位点及顺序为 300nm＞275nm，而在经过绿色屋顶之后出水 DOM 与 Cu^{2+} 的配合位点及顺序为 360nm＞275nm＞260nm。进水 DOM 与 Pb^{2+} 的配合位点及顺序为 270nm＞280nm，而出水 DOM 与 Pb^{2+} 的配合位点及顺序为 285nm＞256nm。进水 DOM 与 Zn^{2+} 的配合

位点及顺序为 250nm＞275nm＞340nm，在经过绿色屋顶之后的出水 DOM 与 Zn^{2+} 的配合位点及顺序为 395nm＞330nm＞275nm＞350nm。这些结果表明在经过绿色屋顶之后的径流雨水与重金属离子的配合位点增加，且与 DOM 的配合能力增强，尤其是与类腐殖酸物质。表明绿色屋顶出水对重金属的迁移能力增加与其中类腐殖酸物质的增加有很大的关系。绿色屋顶出水的腐殖化程度增加能够增加受纳水体受重金属污染的风险，但同时能降低其所流经的土壤受重金属污染的程度。

因此为了缓解绿色屋顶对潜在污染物的释放，在建设简单式绿色屋顶的时候需考虑到预防污染物释放的措施。由于对污染物的截留和释放很大程度上依赖于绿色屋顶的材质、其填充基质的特性及当地的降雨量和降雨频率，因此仔细选择绿色屋顶的材质对于以去除污染物为目的的绿色屋顶来说尤为关键。同时在绿色屋顶安装后，对绿色屋顶的适当维护及改进措施能够有助于减少径流的污染。因此，绿色屋顶与其他 LID 设施（如雨水花园、生物滞留池等）结合来保持水质是一个很不错的选择。

参 考 文 献

[1] 海绵城市建设技术指南（试行）（下）——低影响开发雨水系统构建 [J]. 建筑砌块与砌块建筑，2015，2：42-52.

[2] USEPA. Low impact development（LID），a literature review [S]. Florida and Washington DC：United States Environmental Protection Agency，2000. EPA 841-B-00-005.

[3] Miller C. Vegetated Roof Covers，A New Method for Controlling Runoff in Urbanized Areas. Proceedings from the 1998 Pennsylvania Stormwater Management Symposium [C]//Philadelphia：Villanova University，1998.

[4] 曹仪植，宋占午. 植物生理学 [M]. 兰州：兰州大学出版社，1998：139.

[5] 牟金磊. 北京市设计暴雨雨型分析 [D]. 兰州：兰州大学，2011.

[6] Vanwoert N D，Rowe D B，Andresen J A，et al. Green roof stormwater retention [J]. Journal of Environmental Quality，2005，34（3）：1036-1044.

[7] Berndtsson J C. Green roof performance towards management of runoff water quantity and quality：A review [J]. Ecological Engineering，2010，36（4）：351-355.

[8] Graceson A，Hare M，Monaghan J，et al. The water retention capabilities of growing media for green roofs [J]. Ecological Engineering，2013，61（80）：328-334.

[9] Kohler M，Schmidt M，Grimme W，et al. Green roofs in temperate climates and in the hot-humid tropics-far beyond theaesthetics [J]. Environ Manage Health，2002，13（4）：382-391.

[10] 王书敏，何强，张峻华，等. 绿色屋顶径流氮磷浓度分布及赋存形态 [J]. 生态学报，2012，32（12）：3691-3700.

[11] 翟丹丹. 绿色屋顶水量水质规律研究 [D]. 北京：北京建筑大学，2016.

[12] Berndtsson J C. Green roof performance towards management of runoff water quantity and quality：A

海绵城市有机质输移环境效应

review [J]. Ecological Engineering, 2010, 36 (4): 356-360.

[13] Coble P G. Characterization of marine and terrestrial DOM in seawater using excitation-emission matrix spectroscopy [J]. Marine Chemistry, 1996, 51 (4): 325-346.

[14] Leenheer J A, Croue J P. Peer Reviewed: Characterizing Aquatic Dissolved Organic Matter [J]. Environmental Science and Technology, 2003, 37 (1): 18-26.

[15] 张润宇, 吴丰昌, 王立英. 太湖北部沉积物不同形态磷提取液中有机质的特征 [J]. 环境科学, 2009, 30 (3): 733-742.

[16] Yuan D H, He L S, Xi B D, et al. Characterization of natural organic matter (NOM) in waters and sediment pore waters from Lake Baiyangdian. China [J]. FEB, 2011, 4A (20): 1027-1035.

[17] Fialho L L, Silva W T L D Milori D M B P, et al. Characterization of organic matter from composing of different residues by physic-chemical and spectroscopic methods [J]. Bioresour Technol, 2010, 101 (6): 1927-1934.

[18] Kim H C, Yu M J. Characterization of aquatic humic substances to DBPs formation in advanced treatment process for conventionally treated water [J]. Hazard Mater, 2007, 143 (1-2): 486-493.

[19] He X, Xi B, Wei Z, et al. Spectroscopic characterization of dissolved organic matter during composting of municipal solid waste [J]. Chemosphere, 2011, 82: 541-548.

[20] Santín C, Simões M L, Melo W J D, et al. Characterization of humic substances in salt marsh soils under sea rush (Juncus maritimus) [J]. Estuarine Coastal and Shelf Science, 2008, 79 (3): 541-548.

[21] Murphy K R, Stedmon C A, Waite T D, et al. Distinguishing between terrestrial and autochthonous organic matter sources in marine environments using fluorescence spectroscopy [J]. Mar Chem, 2008, 108 (1-2): 40-58.

[22] Williams C J, Yamashita Y, Wilson H F. Unraveling the role of land use andmicrobial activity in shaping dissolved organicmatter characteristics in stream ecosystems [J]. Limnol Oceanogr, 2010, 55 (3): 1159-1171.

[23] Guéguen C, Granskog M A, McCullough G, et al. Characterisation of colored dissolved organic matter in Hudson Bay and Hudson Strait using parallel factor analysis [J]. Marine Syst, 2011, 88 (3): 423-433.

[24] Stedmon C A, Markager S. Resolving the variability in dissolved organic matter fluorescence in a temperate estuary and its catchment using PARAFAC analysis [J]. Limnol Oceanogr, 2005, 50 (2): 686-697.

[25] Coble P G. Marine optical biogeochemistry: The chemistry of ocean color [J]. Chem Rev, 2007, 38 (20): 402-418.

[26] Jørgensen L, Stedmon, C A, Kragh T, et al. Global trends in the fluorescence characteristics and distribution of marine dissolved organic matter [J]. Mar Chem, 2011, 126 (1-40): 139-148.

[27] Stedmon C A, Markager S, Bro R. Tracing dissolved organic matter in aquatic environments using a new approach to fluorescence spectroscopy [J]. Marine Chemistry, 2003, 82 (3-4): 239-254.

[28] Bai Y, Wu F, Liu C, et al. Ultraviolet absorbance titration for determining stability constants of hu-

mic substances with Cu（Ⅱ）and Hg（Ⅱ）[J]. Analytica Chimica Acta，2008，616（1）：115-121.

[29] 黄世德，梁生旺. 分析化学（下册）[M]. 北京：中国医药出版社，2005.

[30] Chase A G，Christopher S K，John P S，et al. Formation of Nanocolloidal Metacinnabar in Mercury-DOM-Sulfide Systems [J]. Environ Sci Technol，2011，45（21）：9180-9187.

[31] Xu H C，Yu G H，Yang L Y，et al. Combination of two-dimensional correlation spectroscopy and parallel factor analysis to characterize the binding of heavy metals with DOM in Lake sediments [J]. Hazardous Materials，2013，263：412-421.

[32] Wang T，Xiang B R，Li Y，et al. Studies on the binding of a carditionic agent to human serum albumin by two-dimensional correlation fluorescence spectroscopy and molecular modeling [J]. Molecular Structure，2009，921（1）：188-198.

海绵城市有机质输移环境效应

5 植草沟对城市径流中溶解性有机质与重金属相互作用机制的影响

植草沟是指表层种植低矮和草本植物的地表沟渠，主要建于道路两侧[1,2]，植草沟最开始是被用于农业面源污染的控制，后来才逐渐被应用到市政工程中[3]。一般由植被层、土壤层和底层渗排层三部分组成，且通常伴有溢流堰和消能坝等附属设施。植草沟因具有建造费用少、运行管理方便、美化景观等优点而能够完全取代传统雨水管道，但是植草沟需要适当的维护来防止土壤的侵蚀。其作为雨水地表径流进入城市水体前的预处理设施，主要通过沉淀、渗透、过滤、截留和微生物的降解等过程来削减地表径流量和径流雨水中的污染物，进而减少地表径流对下游水体的污染[4,5]。

5.1 植草沟结构

本试验根据采集自北京市西城区榆树馆桥东西两侧的路面雨水的水质指标（其中收集的实际水样包括初期雨水、中期雨水和后期雨水），在实验室模拟配制人工径流雨水，根据试验的需要，采取实际雨水与人工配制雨水相混合的方法来进行试验，且其配比为 1:8。其中人工配水中 COD、TN、TP、Cu^{2+}、Cd^{2+}、Pb^{2+} 和 Zn^{2+} 所使用的药剂（100L 配水的用量）分别为无水乙酸钠（44.12g）、磷酸二氢钾（3.51g）、氯化铵（15.29g）、硝酸铜（3.78g）、硝酸镉（2.75g）、硝酸铅（4.58g）和硝酸锌（1.60g），其目标浓度分别为 300mg/L、8mg/L、40mg/L、10mg/L、10mg/L、10mg/L、10mg/L。植草沟试验装置原理示意图和试验装置实图如图 5-1 所示。这个模拟装置长 8m，高 1.8m，底部有三个间距相等的出水口，用来采集过滤后的水样。从路边绿色带采集来的土壤用作土壤层，厚度为 60cm，羊茅草用作覆盖植物，这与北京土壤类型和植物种类相似。

在径流雨水配制好之后，根据进水流量的设计，将水注入植草沟模拟装置最上端的布水器，然后根据水流开始向装置内产流，并在图 5-1（a）中六个不同采样点（S1、S2、S3、B1、B2、B3）处利用干净且用蒸馏水润洗过后的 500mL 矿泉水瓶进行收集，并贴上标签，作上记号。然后对每个采样点处的水样取 100mL 过 0.45 μm 的滤膜，将得到的 DOM 样品储存在棕色瓶中，并放入冰箱在 4℃ 下保存用来作 DOM 分析。剩余的水样用来分析 TSS、COD、TN、TP 和重金属。

(a) 试验装置原理示意图

(b) 试验装置实图

图 5-1　植草沟试验装置原理示意图和试验装置实图

为了在植草沟中模拟大街上的水流，基于北京径流雨水的强度对进水流量按照以下公式设计：

$$q = 2001 \times (1 + 0.811 \times \lg P)/(t+8)0.711 \tag{5-1}$$

$$Q = \psi q F \tag{5-2}$$

式中，q 表示雨水强度；P 表示重复周期（一般选择 2a）；t 表示径流雨水从排水区以最快的速度流入植草沟的时间，该试验中取为 5min；Q 为进水流量；ψ 表示径流雨水的相关系数，不同的下垫面其相关系数不同，通常沥青柏油马路的值为 0.9；F 表示汇水面积。在本研究中，榆树馆桥是 24m 宽，其汇水面积被认为是长 8m、宽 12m 的长方形面积。

5.2 结果与分析

5.2.1 植草沟对路面径流的净化

本书通过研究径流雨水中的 TSS、COD、TN 和 TP 及重金属 Cu、Cd、Pb 和 Zn 的含量在植草沟中的变化（图 5-2 和图 5-3）来评价植草沟对路面径流水质净化效果，表 5-1 为植草沟对这些物质的去除率。

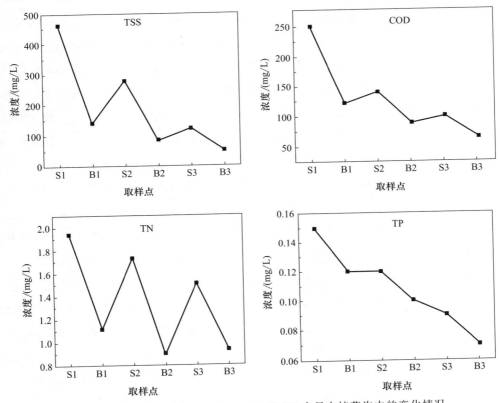

图 5-2　径流雨水中 TSS、COD、TN 和 TP 含量在植草沟中的变化情况

由图 5-2 可知，径流雨水中的 TSS、COD、TN 和 TP 在表层 S1 处的含量分别为 462mg/L、250mg/L、1.95mg/L 和 0.15mg/L，在经过植草沟中的土壤层之后，这些物质的含量在 B1 处急速下降到 139.25mg/L、121.23mg/L、1.11mg/L 和 0.12mg/L，其去除率分别达到了 69.86%、51.51%、42.93% 和 20%（表 5-1），表明植草沟的土壤层对这些污染物的去除具有很强的作用，这主要是由

表 5-1　植草沟对 TSS、COD、TN、TP 和重金属（Cu、Cd、Pb 和 Zn）的去除率

单位:%

取样点	TSS	COD	TN	TP	Cu	Cd	Pb	Zn
S1	0	0	0	0	0	0	0	0
B1	69.86	51.51	42.93	20	15.38	18.32	16.85	11.53
S2	39.27	43.71	11.11	20	2.76	1.84	3.37	1.76
B2	81.73	64.52	54.04	33.33	19.92	27.22	21.75	23.67
S3	73.43	59.98	22.72	40	10.06	5.52	6.84	2.80
B3	89.16	74.17	52.02	53.33	37.87	40.22	33.19	39.56

于植草沟中植物根系的吸收、土壤层的过滤、吸附和截留及微生物降解等作用。随着径流雨水在植草沟中的迁移，植草沟表层和土壤层对径流雨水中的污染物进一步去除，但是对污染物的去除较土壤层弱，植草沟的表层对径流雨水中污染物的去除主要是靠污染物的沉积及表层植物的截留作用，而植草沟的底部出水是污染物的自我沉积和表层植物的截留作用与植草沟土壤层共同作用的结果，因此其去除率更为明显。因此植草沟表层的最终出水中 TSS、COD、TN 和 TP 的含量（去除率）分别为 122.75mg/L（73.43%）、100.05mg/L（59.98%）、1.51mg/L（22.72%）和 0.09mg/L（40%），而底部出水中的含量（去除率）分别为 50.08mg/L（89.16%）、64.58mg/L（74.17%）、0.94mg/L（52.02%）和 0.07mg/L（53.33%），底部出水中各物质的含量明显低于表层出水。该结果表明，经植草沟预处理之后的出水，能够有效地降低下游及受纳水体发生富营养化的风险。

图 5-3 为径流雨水中重金属 Cu、Cd、Pb 和 Zn 的含量在植草沟中的迁移变化，与 TSS、COD、TN 和 TP 相比，植草沟表层对重金属的去除率不明显，植草沟的最终表层出水 S3 中重金属 Cu、Cd、Pb 和 Zn 的含量（去除率）分别为 9.12mg/L（10.06%）、9.23mg/L（5.52%）、9.12mg/L（6.84%）和 9.36mg/L（2.80%），而植草沟的最终底部出水 B3 中各重金属的含量（去除率）分别为 6.3mg/L（37.87%）、5.84mg/L（40.23%）、6.54mg/L（33.20%）和 5.82mg/L（39.56%），该结果表明，植草沟能够有效地去除径流雨水中的重金属。但是需要注意的是，重金属虽然能够通过 LID 设施的土壤层的蓄积功能来减轻或者消除对地下水的污染，但是由于重金属的难降解性和持久性等长期效应问题，随着其在 LID 设施中的不断积累，最终使 LID 设施对污染物的吸附及储存达到饱和而失去作用。且 LID 设施中的土壤一旦被重金属元素污染，其很难像大气污染那样通过自由扩散等自净作用消除，因此对投配到土壤中的金属元素必须加以限制，同时使土壤的 pH 保持在 6.5 以上，使某些微

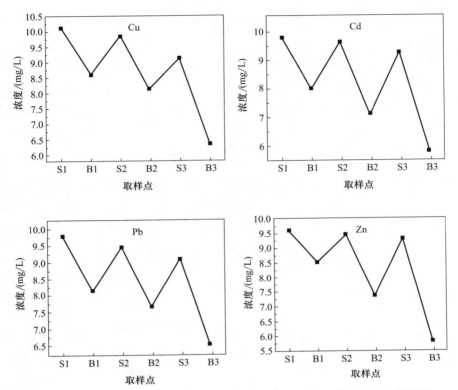

图 5-3 径流雨水中重金属 Cu、Cd、Pb 和 Zn 的含量在植草沟中的变化情况

量元素以难溶化合物的形式存在，从而减少其迁移性而降低毒性。

5.2.2 植草沟中溶解性有机质的光学特征分析

5.2.2.1 紫外-可见光荧光分析

径流雨水中 DOM 的紫外可见光谱的
变化曲线如图 5-4 所示，在进水 S1 的紫
外可见光谱曲线中没有特征吸收峰，但是
随着雨水径流在植草沟中迁移，表层水样
（S2 和 S3）的紫外吸光度呈现增加的趋
势，但是仍无特征峰出现。植草沟的底部
出水的紫外吸光度也呈现增加的趋势，且
最终底部出水 B3 在 365nm 处出现了一个
微弱的吸收峰，这可能是由于径流雨水在
经过植草沟土壤层渗滤之后，类蛋白物质

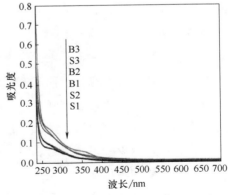

图 5-4 雨水径流中 DOM 的紫外可见
光谱曲线在植草沟中的变化

被去除，腐殖酸类物质突出的缘故。所有样品的紫外吸光强度的变化顺序为 S1 ＜ S2 ＜ B1 ＜ B2 ＜ S3 ＜ B3。

本研究选取与绿色屋顶中同样的四个紫外参数来进行分析：$SUVA_{254}$、$A_{250/365}$、$A_{253/203}$ 和 $A_{240\sim400}$。通过计算所得到的参数值如表 5-2 所示。由表 5-2 可知植草沟底部出水 B3 的 $SUVA_{254}$ 值最高，达到 0.16，而进水 S1 的 $SUVA_{254}$ 值最小，为 0.06。而 $SUVA_{254}$ 值与 DOM 的腐殖化程度、分子量大小及芳香性程度呈正相关[6]，因此该试验结果表明，所有样品的芳香程度由高到低为 B3＞S3＝B2＞B1＞S2＞S1，这也就说明径流雨水在经过植草沟的预处理之后，水样中的某些类蛋白物质被去除，使得出水中具有芳香结构的类腐殖酸物质的含量相对增加，不饱和度也随之增加，且底部出水增加得更为明显，这主要是由于植草沟土壤层对类蛋白物质的截留、吸附及其中微生物的降解作用所致。

表 5-2 显示的所有 $A_{250/365}$ 值都大于 3.5，表明水样中的 DOM 主要表现为类富里酸特性[7]。

表 5-2　植草沟中 DOM 的紫外可见光谱参数

取样点	$SUVA_{254}$	$A_{250/365}$	$A_{253/203}$	$A_{240\sim400}$
S1	0.06	7.13	0.13	6.47
B1	0.08	11.71	0.26	6.87
S2	0.07	11.67	0.16	6.96
B2	0.12	7.53	0.26	13.08
S3	0.12	6.91	0.23	15.18
B3	0.16	5.1	0.16	17.31

由表 5-2 所知，在经过植草沟之后的所有样品的 $A_{250/365}$ 值都增加，说明在经过植草沟的预处理之后，DOM 分子中的芳环上的活性官能团的相对数量增加[8]。且植草沟的表层出水的值 0.23 高于底部出水 0.16，表明表层出水 DOM 中的活性官能团的相对含量高于底部出水 DOM 中的，这可能是由于表层出水中含有更多的腐殖酸及类蛋白物质的缘故，而底部出水虽然腐殖酸程度增加，但是由于其类蛋白物质及腐殖酸物质的含量急剧减少，且类蛋白物质的减少程度更加明显，从而使得底部出水呈现较强的腐殖酸特性，但是其总的含量仍然减少，导致了其活性官能团的含量也相应地减少。该结果也表明在经过植草沟预处理之后，DOM 分子由简单向复杂环状类结构转化。

由表 5-2 可知，在经过植草沟处理之后，DOM 的 $A_{240\sim400}$ 值逐渐增加，表明 DOM 中电子迁移带的强度增加[7]，这是由于类蛋白物质降低，DOM 中的芳香结构化合物的相对含量上升的缘故。

5.2.2.2 三维荧光分析

径流雨水中 DOM 在植草沟中变化的三维荧光光谱图如图 5-5 所示，在 DOM 样品 S1 中有明显的四个荧光峰，两个类蛋白峰（峰 B 和峰 D）、一个类富里酸峰（峰 A）和一个类腐殖酸峰（峰 C），在经过植草沟表层漫流之后，DOM 中的这四个峰的荧光强度在 S2 处都有所下降，尤其是两个类蛋白峰，但是路面径流在植草沟表层继续流动到 S3 处时，两个类蛋白峰的荧光强度显著增加，且两个类腐殖酸峰的荧光强度也呈现增加的趋势。而植草沟的土壤层出水 B1 中，相比于 S1 不仅类蛋白物质的荧光峰强度有所降低，长激发波长的类腐殖酸峰消失，而且类富里酸峰荧光强度也明显下降，随着进一步在植草沟中的迁移，三维荧光光谱图 DOM 中类蛋白峰几乎消失，只呈现一个类富里酸峰 A，表明此时 DOM 主要呈现类富里酸峰特征，该结果与之前的紫外可见光谱参数所得到的结果一致。该试验结果表明，植草沟土壤层对于类蛋白物质具有很强的去除作用。

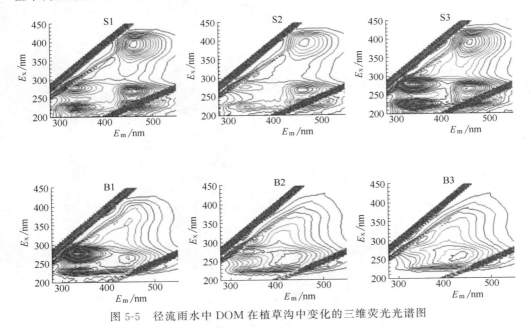

图 5-5　径流雨水中 DOM 在植草沟中变化的三维荧光光谱图

5.2.2.3 同步荧光光谱分析

图 5-6 为 DOM 在植草沟中变化的同步荧光光谱图，显然进水 S1 中的同步曲线上有两个峰：峰 A 和峰 B，其中峰 A 为类蛋白峰，峰 B 位于类富里酸区域，且有一部分位于 HLF 区，表明峰 B 代表类富里酸物质和类腐殖酸物质混合。在经过

表层漫流之后，S3 的同步曲线的峰 A 的荧光强度显著增加，而峰 B 的荧光强度不变，同时还发现 MHLF 区域的荧光强度比进水明显增加，这主要是由于植草沟表层植物腐烂分解及微生物的分泌物溶出的缘故，这也证明了前面 3D-EEMs 中表层出水中类蛋白物质及类腐殖酸物质的增加与植草沟中微生物的活动有密切的关系。经过植草沟土壤层渗滤之后的 B3 的同步曲线中不仅峰 A 的荧光强度显著下降，而且峰 B 消失，仔细比较三个同步曲线在微生物类腐殖酸区域的变化可发现，B3 同步曲线在微生物类腐殖酸区域呈现上升趋势，其次是 S3，说明植草沟表层和土壤层中的微生物活动比较活跃。土壤层对类富里酸物质和类腐殖酸物质的吸附、截留及其中微生物的分解使得 B3 中的荧光峰 B 消失。图 5-7 为 DOM 中 PLF、MHLF、FLF 和 HLF 各组分的比例在植草沟中的变化，其中 PLF 在经过植草沟之后呈现微弱的增加，而 MHLF 增加显著，特别是在经过土壤层之后，而 FLF 和 HLF 则呈现下降趋势，该结果与同步荧光光谱曲线变化一致，这种 PLF 的百分率呈现增加的趋势是由于在经过植草沟处理之后，各类物质都有不同程度去除，然而 FLF 和 HLF 去除率比类蛋白物质的去除率更为明显所致，从而使得 MHLF 的百分比增加。

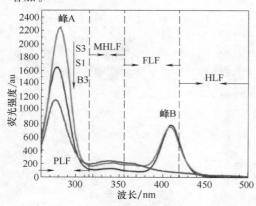

图 5-6　径流雨水中 DOM 在植草
沟中变化的同步荧光光谱图

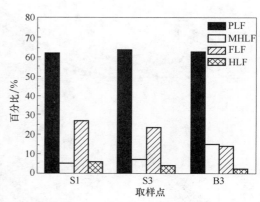

图 5-7　DOM 样品中各组分在植草沟中的变化

5.2.3　统计学分析——平行因子分析

将所得到的所有 DOM 样品进行 PARAFAC 分析，图 5-8 为 PARAFAC 分析所得的 DOM 的 5 个荧光光谱组分：组分 1（C1）、组分 2（C2）、组分 3（C3）、组分 4（C4）和组分 5（C5）。

其中 C1 在 $E_x/E_m = 275\text{nm}/415\text{nm}$ 出现单一峰，该峰为类腐殖酸峰 M[9,10]。

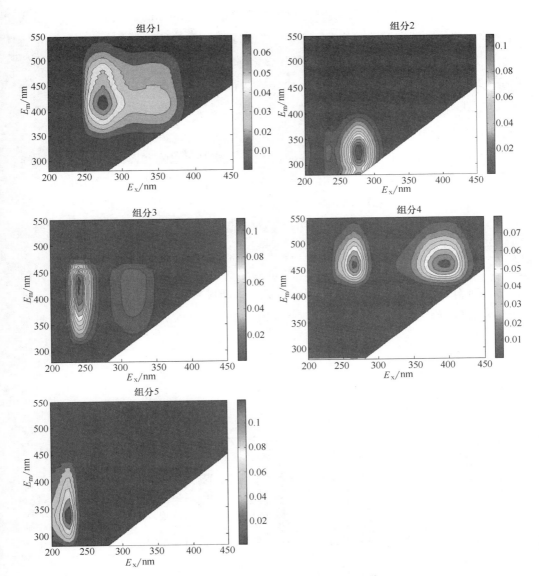

图 5-8　PARAFAC 分析所得的荧光组分

C2 在 E_x/E_m ＝275nm/325nm 处出现的单一峰为典型的类蛋白峰 T，该组分属于高激发波长类结合或游离态的类色氨酸物质[11]。

C3 出现了一个主峰和副峰，即两个激发波长对应同一个发射波长，位置为 E_x/E_m ＝240nm（320nm）/430nm，其中主峰 240nm/430nm 为 UV 类腐殖酸峰，而副峰 320nm/430nm 为可见类腐殖酸峰，该组分的荧光峰特征与陆源腐殖酸峰 A 类似[12,13]。

C4 也表现为两个荧光峰，对应的位置为 265nm（395nm）/460nm，其表示为传统的大分子陆源类腐殖酸峰 C，该荧光峰的特征与前人所得到的陆源腐殖酸平行因子组分相似[12,14,15]，该组分具有较多疏水性基团和大分子结构[16]。Senesi 等[17] 表明荧光峰的波长越长，其所代表的物质结构越复杂，聚合度越高。

C5 在 $E_x/E_m=225nm/340nm$ 处出现单峰，位于类蛋白峰区域，但其主要表示低激发波长类色氨酸物质[4]。

图 5-9 为 PARAFAC 分析所得的 5 个组分的荧光强度在植草沟中的迁移变化，由图可知，植草沟表层出水 S3 相比于进水 S1，类蛋白组分 C2 和 C5 有所降低，而腐殖酸组分 C1 和 C3 呈现增加的趋势，但是类腐殖酸 C4 却显示微弱的下降。植草沟底部出水 B3 中类蛋白组分 C2、C5 及类腐殖酸组分 C4 的荧光强度都出现了明显的下降，而类腐殖酸组分 C1 和 C3 则显著增高。该结果结合之前的 3D-EEMs 和同步荧光光谱表明，类腐殖酸组分 C1 和 C3 与微生物的活动有关，因此呈现上升的趋势，而类腐殖酸物质 C4 可能为陆源的大分子的腐殖酸物质，在植草沟中被吸附和截留而呈现下降趋势，同时也证明植草沟的土壤层对小分子及易生物降解的类蛋白物质的去除能力较强。

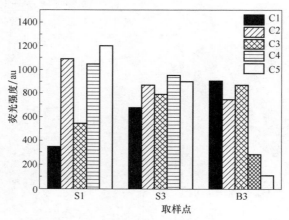

图 5-9　荧光组分在植草沟中的变化

5.2.4　统计学分析——主成分分析

将 PARAFAC 所得的荧光组分的强度进行 PCA 分析之前，对所有的数据进行 KOM 和 P 值检验，其检验的结果分别为 KMO=0.739，$P<0.001$，即可以进行 PCA 分析。植草沟的 PCA 分析结果显示两个主成分（第一主成分和第二主成分），它们的贡献率分别为 43.86% 和 36.48%，两个主成分的累积贡献率达到

80.334%。所得到的因子与 PARAFAC 各组分之间的关系如下：

$$F1=0.388C1-0.145C2+0.382C3-0.138C4-0.346C5 \tag{5-3}$$

$$F2=0.253C1+0.452C2+0.284C3+0.359C4+0.264C5 \tag{5-4}$$

该两者的主成分如图 5-10（a）所示，与绿色屋顶试验结果不同的是所有的组分在主成分 2 上的负荷值都大于零，而其中 C1 和 C3 两个类腐殖酸组分在主成分 1 上的负荷大于零，C2、C4 和 C5 的负荷小于零，因此 F1 表示的是以类腐殖酸物质为主的因子，而整体上每个组分在 F2 上的负荷相差不大，因此 F2 是表示具有类蛋白物质和类腐殖酸物质两者特征的因子。图 5-10（b）中显示的为植草沟进水及表层出水和底部出水的因子得分，由图可知，底部出水 B3 的 F1 值最高，而表层出水 S3 的 F2 得分最高，说明植草沟底部出水的腐殖酸程度增加，而表层出水的类蛋白和微生物类腐殖酸增加，表明植草沟的土壤层对径流雨水中的类蛋白物质具有较强的去除作用。

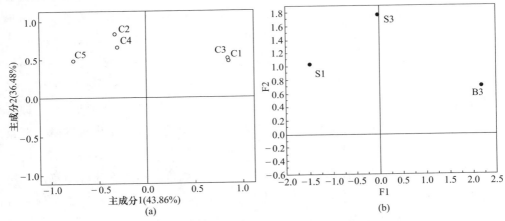

图 5-10　PCA 分析结合 PARAFAC 分离的组分和因子得分图

表 5-3 为 PARAFAC 各组分之间的相关性，其中 C1 和 C3 呈现了显著的正相关，而 C2、C5 及 C4 表现了正相关，该结果与前面各组分的荧光强度在植草沟中的变化趋势一致，即 C1 和 C3 同时增加，而 C2、C4 和 C5 同时降低。

表 5-3　平行因子各组分之间的相关性

项目	C1	C2	C3	C4	C5
C1	1.000				
C2	0.128	1.000			
C3	0.930	0.118	1.000		
C4	−0.067	0.403	0.120	1.000	
C5	−0.337	0.614	−0.372	0.365	1.000

5.2.5　重金属对植草沟中溶解性有机质干扰分析

荧光光谱试验结果表明，径流雨水在被植草沟预处理之后其 DOM 的成分或多或少地发生了变化。而流经植草沟的水最终将进入到城市水体或者市政管道系统。之前有研究表明，DOM 中的类蛋白物质在与重金属配合中起着重要的作用，它们之间的这种相互作用能够影响重金属在水体环境中的分布、迁移和生物有效性[17]。而 Cu^{2+} 和 Pb^{2+} 是径流雨水中的主要污染重金属，因此探讨其与 DOM 的配合是很有必要的。既然之前的荧光光谱已经提供了关于 DOM 成分的信息，因此淬灭滴定实验主要分析 DOM 与重金属的配合特征在被植草沟处理前后的变化。同时 2D-COS 荧光光谱也被用来分析 DOM 对于 Cu^{2+} 和 Pb^{2+} 浓度变化的响应。该试验将能够为全面分析植草沟对城市水体环境的影响提供更为详细的信息。

植草沟进水（S1）、表层出水（S3）及底部出水（B3）DOM 与 Cu^{2+} 配合的二维同步相关光谱图如图 5-11 所示，由图 5-11（a）可知，S1 的同步光谱图上出现了两个正自发峰，分别位于 279nm 和 400nm，峰强度的大小顺序为 400nm＞279nm，说明荧光物质在 400nm 处更容易受 Cu^{2+} 浓度变化的影响。同时在对角线下方 $X/Y=400nm/279nm$ 出现了一个正交叉峰，表明在 279nm 附近处的荧光强度变化与 400nm 光谱带附近处的荧光强度受 Cu^{2+} 浓度影响变化的方向一致，即都随着 Cu^{2+} 浓度的增加荧光强度下降。表层出水 S3 中的同步图中出现的峰位置及个数与进水 S1 中的一样［图 5-11（b）］，且所有的荧光峰强度都有所增加，同时 279nm 处的自发峰的荧光强度大于 400nm 处的荧光强度，表明在流经植草沟表层之后的出水 DOM 对 Cu^{2+} 浓度变化更为敏感，且在 279nm 波长处的荧光物质对 Cu^{2+} 浓度变化比 400nm 处的更为敏感。底部出水 B3 中只在 279nm 处出现一个正自发峰［图 5-11（c）］，且荧光峰强度相比于 S1 明显减弱，说明植草沟底部出水 DOM 对 Cu^{2+} 浓度变化敏感度减弱。因此，DOM 与 Cu^{2+} 相互作用的二维同步光谱图说明，在经过植草沟处理之后的表层出水 S3 对 Cu^{2+} 浓度变化敏感度增强，而底部出水 B3 对 Cu^{2+} 浓度变化敏感度有所降低，且底部出水降低更为明显。

二维异步相关光谱图能够提供更多有关 DOM 与重金属离子配合的位点信息。由图 5-12（a）可知，在进水 S1 中的异步图在对角线下方出现了一个负交叉峰，该峰的位置为 $X/Y=400nm/279nm$，说明 DOM 与 Cu^{2+} 的配合顺序为 279nm＞400nm。植草沟表层出水 S3 的对角线下方不仅在 $X/Y=400nm/279nm$ 处出现了一个负交叉峰，同时在 $X/Y=300nm/279nm$ 处出现了一个正交叉峰［图 5-12（b）］，表明 DOM 与 Cu^{2+} 在 279nm、300nm 和 400nm 处的配合顺序为 300nm＞

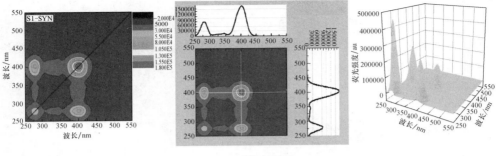

(a) 进水DOM

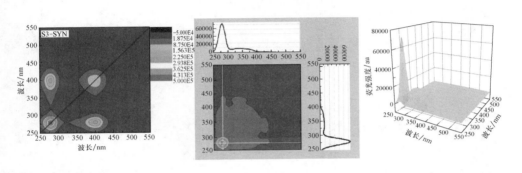

(b) 表层出水DOM

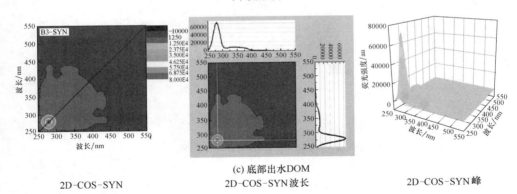

(c) 底部出水DOM

2D-COS-SYN   2D-COS-SYN 波长   2D-COS-SYN峰

图 5-11　植草沟进水（S1）、表层出水（S3）和
底部出水（B3）DOM 与 Cu^{2+} 配合二维同步相关光谱图

279nm＞400nm，说明植草沟表层出水 DOM 与 Cu^{2+} 的配合位点增加，且荧光峰的强度呈现相比于进水增加的趋势，表明 DOM 与 Cu^{2+} 的配合能力增加。然而在底部出水 B3 中对角线下方只出现一个负交叉峰，位置为 $X/Y = 300nm/279nm$，且荧光峰强度比进水显著降低，表明此时 DOM 与 Cu^{2+} 的配合顺序为 279nm＞330nm［图 5-12 (c)］，相比于 S1，其配合位点出现了蓝移现象，及配合位点由类

腐殖酸峰波带向类蛋白峰波带偏移，且配合能力减弱。该结果说明，相比于类腐殖酸物质，Cu^{2+} 更容易与类蛋白物质相配合，且植草沟的表层出水 Cu^{2+} 的配合位点增加，这可能是由于植草沟表层植物落叶腐解及微生物的分泌物溶于径流雨水的缘故，而底部出水与类蛋白物质的配合能力增强。

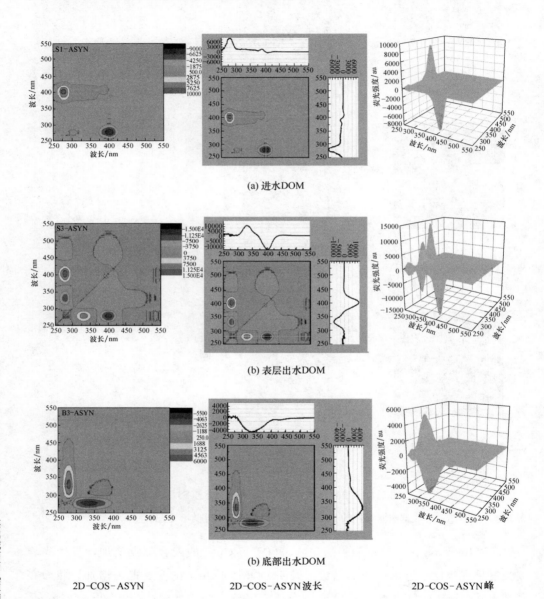

(a) 进水DOM

(b) 表层出水DOM

(b) 底部出水DOM

2D-COS-ASYN   2D-COS-ASYN 波长   2D-COS-ASYN 峰

图 5-12 植草沟进水（S1）、表层出水（S3）和底部出水（B3）

DOM 与 Cu^{2+} 配合二维异步相关光谱图

图 5-13 为植草沟进水、表层出水和底部出水 DOM 与 Pb^{2+} 配合的二维同步光谱图，与 Cu^{2+} 一样，S1 生物同步图也在 279nm 和 400nm 处出现了两个正自发峰 [图 5-13 (a)]，且荧光峰的强度顺序大小为 400nm＞279nm，说明 400nm 处的光谱峰的荧光峰对 Pb^{2+} 浓度变化比 279nm 处的更为敏感。但是在 $X/Y = 480nm/400nm$ 处出现了一个负交叉峰，说明荧光峰强度在 400nm 处与 480nm 处受 Pb^{2+} 浓度影响变化的趋势相反。表层出水 S3 同样也在 279nm 和 400nm 处出现了两个正自发峰，且荧光峰的强度大小为 400nm＞279nm [图 5-13 (b)]，自发峰的荧光

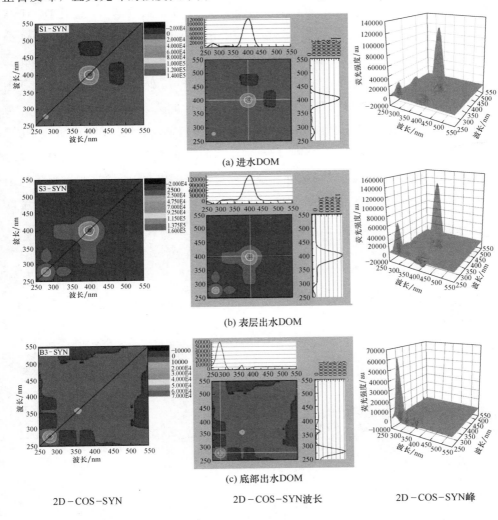

(a) 进水DOM

(b) 表层出水DOM

(c) 底部出水DOM

2D-COS-SYN　　　　　2D-COS-SYN波长　　　　　2D-COS-SYN峰

图 5-13　植草沟进水（S1）、表层出水（S3）和底部出水（B3）
DOM 与 Pb^{2+} 配合二维同步相关光谱图

强度相比于 S1 都呈现微弱的增加趋势，表明流经植草沟表层之后的出水对 Pb^{2+} 浓度变化更为敏感。底部出水 B3 的同步图的对角线上同样出现了两个正自发峰，峰的位置为 279nm 和 355nm [图 5-13（c）]，与 S1 相比，配合位点出现了蓝移，荧光峰强度的大小为 279nm＞355nm，相比于进水显著降低，说明经过植草沟处理之后的底部出水中 279nm 处类蛋白物质对 Pb^{2+} 浓度变化更为敏感，但是相比于进水其敏感度大大降低。

与 Cu^{2+} 一样，进水 S1 的 DOM 与 Pb^{2+} 配合的二维异步光谱图的对角线下方也在 $X/Y = 400nm/279nm$ 出现了一个负交叉峰 [图 5-14（a）]，说明 DOM 与 Pb^{2+} 在 279nm 和 400nm 处的配合顺序为 279nm＞400nm，表明 Pb^{2+} 与 DOM 分子中的类蛋白物质优先发生配合。样品 S3 相比于 S1，除了在 $X/Y = 400nm/279nm$ 出现一个负交叉峰外，还在 $X/Y = 400nm/342nm$ 处出现一个负交叉峰 [图 5-14（b）]，但 279nm 处的荧光峰强度大于 342nm 处的荧光峰强度，此时 Pb^{2+} 与 DOM 的配合顺序为 342nm＞279nm＞400nm，表明植草沟表层出水 DOM 与 Pb^{2+} 的配合位点增加，且原有的荧光峰强度呈现微弱的降低，这可能是由于配合位点增多，其出现竞争现象导致该处的荧光强度减弱。而底部出水 B3 样品则出现了两个正交叉峰，分别位于 $X/Y = 320nm/279nm$ 和 $360nm/279nm$，且荧光峰强度

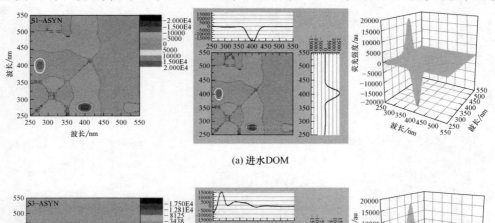

(a) 进水DOM

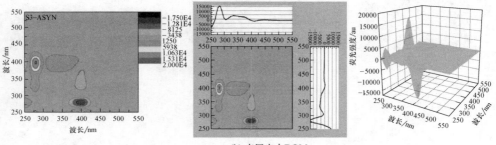

(b) 表层出水DOM

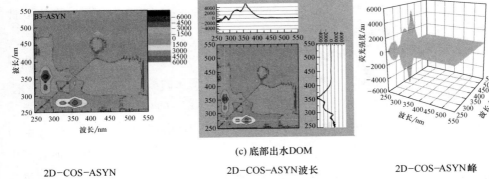

2D-COS-ASYN   (c) 底部出水DOM   2D-COS-ASYN峰

2D-COS-ASYN波长

图 5-14　植草沟进水（S1）、表层出水（S3）和底部出水（B3）

DOM 与 Pb^{2+} 配合二维异步相关光谱图

360nm＞320nm［图 5-14（c）］，因此 Pb^{2+} 与 DOM 的配合顺序变为 360nm＞320nm＞279nm，且各荧光峰的强度显著减弱，表明 Pb^{2+} 与植草沟底部出水 DOM 的配合能力减弱，且 360nm 处的类富里酸物质与 Pb^{2+} 的配合能力比 279nm 处的类蛋白物质增强。

5.3　本章小结

　　本章主要研究了植草沟对污染物（TSS、COD、TN、TP 和重金属）的去除，及通过荧光光谱技术结合各分析方法研究植草沟对雨水径流中 DOM 及其与重金属离子的配合的影响，得出以下主要结论。

　　① 由水质净化试验可知：植草沟表层对 TSS、COD、TN、TP、Cu、Cd、Pb 和 Zn 的去除率分别为 73.43％、59.98％、22.72％、40％、10.06％、5.52％、6.84％、2.80％。而植草沟土壤层对 TSS、COD、TN、TP、Cu、Cd、Pb 和 Zn 的去除率分别为 89.16％、74.17％、52.02％、53.33％、37.87％、40.22％、33.19％、39.56％。该结果表明植草沟不仅能够有效地减少对下游水体的污染，而且还能够降低径流雨水对地下水的污染。

　　② 由 UV-Vis、3D-EEMs 和同步荧光光谱的分析可知：植草沟对类蛋白物质和类腐殖酸物质都具有去除效果，特别是植草沟的土壤层，对类蛋白物质的去除率强于类腐殖酸。

　　③ 所有样品经过 PARAFAC 分解得到 5 个独立的组分：2 个类蛋白组分（C2、C5）和 3 个类腐殖酸组分（C1、C3、C4）。将所得到的 5 个组分进行 PCA 分析发

现类腐殖酸 C1 和 C3 的含量呈正相关，而类腐殖酸 C4 和类蛋白物质 C2 和 C5 呈正相关，这主要是由于 C4 表示的为微生物类腐殖酸，其与土壤中微生物的活性相关。

④ 由 2D-SYN-COS 分析可知：植草沟表层出水对 Cu^{2+} 和 Pb^{2+} 的浓度变化敏感度增强，而底部出水对这两种重金属离子的浓度变化的敏感度显著降低。

由 2D-ASYN-COS 分析可知：进水 DOM 与 Cu^{2+} 的位点及顺序为 279nm＞400nm，表层出水的配合位点及顺序为 300nm＞279nm＞400nm，底部出水为 279nm＞330nm。进水 DOM 与 Pb^{2+} 的配合位点及顺序与 Cu^{2+} 的一样，而表层出水的为 342nm＞279nm＞400nm，底部出水的为 360nm＞320nm＞279nm。结果表明，在经过植草沟预处理之后的表层出水 DOM 与 Cu^{2+} 的配合位点和配合能力增加，底部出水 DOM 与 Cu^{2+} 的配合能力减弱，而植草沟表层出水和底部出水与 Pb^{2+} 的配合能力都有所减弱，但是底部出水降低得更为明显。

综合以上结果可知，植草沟作为路面径流进入城市水体之前的预处理设施，能够有效地降低受体水环境污染的风险，特别是对地下水的污染。

参 考 文 献

[1] 海绵城市建设技术指南（试行）（下）——低影响开发雨水系统构建 [J]. 建筑砌块与砌块建筑，2015，2：42-52.

[2] Laurent M A，Bernard A E，Indrajeet C. Effectiveness of low impact development practices：literature review and suggestions for future research [J]. Water，Air，& Soil Pollution，2012，223（7）：4253-4273.

[3] 魏鹏. 植被浅沟运行效果评价及改进设计研究 [D]. 北京：北京建筑大学，2014：1-66.

[4] USEPA（US Environmental Protection Agency）. Stormwater technology fact sheet. Vegetated swales [S]. Washington，DC：Office of Water，1999. EPA 832-F-99-006.

[5] Kirby J T，Durrans S R Pitt R，et al. Hydraulic resistance in grass swales designed for small flow conveyance [J]. Hydraul Eng，2005，131（1）：65-68.

[6] Yuan D H，He L S，Xi B D，et al. Characterization of natural organic matter（NOM）in waters and sediment pore waters from Lake Baiyangdian，China [J]. FEB，2011，4A（20）：1027-1035.

[7] He X，Xi B，Wei Z，et al. Spectroscopic characterization of dissolved organic matter during composting of municipal solid waste [J]. Chemosphere，2011，82：541-548.

[8] Kim H C，Yu M J. Characterization of aquatic humic substances to DBPs formation in advanced treatment process for conventionally treated water [J]. Hazard Mater，2007，143（1-2）：486-493.

[9] Coble P G. Marine optical biogeochemistry：The chemistry of ocean color [J]. Chem Rev，2007，38（20）：402-418.

海绵城市有机质输移环境效应

[10] Jørgensen L, Stedmon C A, Kragh T, et al. Global trends in the fluorescence characteristics and distri-bution of marine dissolved organic matter [J]. Mar Chem, 2011, 126 (1-40): 139-148.

[11] Stedmon C A, Seredynska-Sobecka B, Boe-Hansen R, et al. A potential approach for monitoring drinking water quality from groundwater systems using organic matter fluorescence as an early warning for contamination events [J]. Water Res, 2011, 45 (18): 6030-6038.

[12] Yuan D H, Guo N, Guo X J, et al. The spectral characteristics of dissolved organic matter from sedi-ments in Lake Baiyangdian, North China [J]. Journal of Great Lakes Research, 2014, 40 (3): 684-691.

[13] Yuan D H, Guo X J, Wen L, et al. Detection of Copper (Ⅱ) and Cadmium (Ⅱ) binding to dissolved organic matter from macrophyte decomposition by fluorescence excitationemission matrix spectra com-bined with parallel factor analysis [J]. Environmental Pollution, 2015, 204: 152-160.

[14] Murphy K R, Stedmon C A, Waite T D, et al. Distinguishing between terrestrial and autochthonous organic matter sources in marine environments using fluorescence spectroscopy [J]. Mar Chem, 2008, 108 (1-2): 40-58.

[15] Williams C J, Yamashita Y, Wilson H F. Unraveling the role of land use andmicrobial activity in sha-ping dissolved organicmatter characteristics in stream ecosystems [J]. Limnol Oceanogr, 2010, 55 (3): 1159-1171.

[16] Ishii S K L, Boyer T H. Behavior of reoccurring PARAFAC components in fluorescent dissolved organic matter in natural and engineered systems: A critical review [J]. Environ Sci Technol, 2012, 46 (4): 2006-2017.

[17] Senesi N, D'Orazio V, Ricca G. Humic acids in the first generation of eurosoils [J]. Geoderma, 2003, 116 (3-4): 325-344.

6 生态护坡对城市径流中溶解性有机质与重金属相互作用机制的影响

由于 DOM 广泛分布在自然水体中，而我国 HM 污染已日趋严重，且大多数情况下为多种 HM 复合污染。而 DOM 与 HMI 在自然水体中会发生相互作用，影响着 HMI 的分布及其迁移转化，同时存在被吸附的 HMI 解析的情况，造成二次污染。因此研究 DOM 与 HMI 相互作用的机理为科学的评价水环境提供依据。本章采用 UV-Vis、2D-COS 及 EEMs 配合 PARAFAC 分析方法和 FQT 实验进行分析，针对路面径流中 DOM 的主要成分、DOM 与不同种类 HMI 的配合能力以及配合位点和配合顺序等问题进行研究。

6.1 生态护坡结构

本试验装置是以人工生态堤岸为模型进行设计的。假设为城市河道堤岸，两边为沥青路面。服务面积为人工堤岸面积的 10 倍，计算出汇流面积产生径流量的范围为 0～0.6L/S。每次进水时间不超过 30min，每个装置每次用水量不超过 0.2 m³。坡度设置为 30°。

生态堤岸模拟装置的铺设共分为 3 层（图 6-1）。底层为种植土层，厚度为 10～20cm，主要功能为后期植物根系可在其中扎根，具有防止水土流失的功能。中间为 EC 层，厚度为 10cm 左右，具有削峰、抗冲刷和加固堤岸等功能。表层同样是种植土层，厚度为 3cm 左右。在 EC 层和底层种植土层中间需铺设一层土工布，由于 EC 层的透水效果较好，土工布储水效果较好，可为植物种植初期提供生长所需的水源。土工布可腐烂分解，为植物和微生物的生长提供营养物质。试验植物选用北方地区河道中常见的植物，常水位以上选取高羊茅为护坡植物，水陆交错带选取芦苇和香蒲为护坡植物。试验装置实景图见图 6-2。

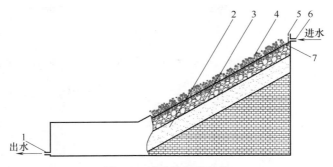

图 6-1　试验装置设计图

1—出水口；2—种植土层；3—以吸附材料为骨料的 EC 或 TEC；

4—高羊茅、芦苇和香蒲；5—挡板；6—进水口；7—表层土

图 6-2　试验装置实景图

（1）相关光谱分析法

2D-COS 可以有效反映出因为外界条件变化（如金属离子浓度的变化）所导致混合物的动态变化过程。它的应用可以使一系列线性的原始光谱转化成二维的形式，从而提供更多关于样品的信息[1]。同时 2D-COS 可以反映任何由于外界环境条件变化扰动所导致的光谱变化。PARAFAC 分析法可以有效地评价 DOM 与不同金属离子配合能力的强弱，但是对于不同 HMI 与 DOM 配合的先后顺序和配合位点的认识并没有体现出来。因此在研究 DOM 与 HMI 相互配合机理的问题上，2D-COS 具有重要意义[2]。2D-COS 可以看出多个荧光峰之间的相互变化，同时在外部 HMI 浓度发生变化时，可以提供不同 HMI 与 DOM 配合位点的变化[3-5]。

本试验中，HMI 的浓度变化作为外界扰动，$y(v, t)$ 作为由于外界条件扰动引起的光谱量变化，(v) 作为光谱变量，(t) 为外界条件引起的扰动变量。本试验中 (v) 代表同步荧光光谱或是 UV-Vis，(t) 代表 HM 浓度的变化。其数学计算公式如下：

$$\widetilde{y}(v,t) = \begin{cases} y(v,t) - \overline{y}(v) & \text{适用于 } T_{\min} \leqslant t \leqslant T_{\max} \\ 0 & \text{其他} \end{cases} \tag{6-1}$$

式中，$\overline{y}(v)$ 表示参比光谱，通常使用平均值来表示，其表达式如下[6]：

$$\overline{y}(v) = \frac{1}{T_{\max} - T_{\min}} \int_T^{T_{\max}} y(v,t)\mathrm{d}t \tag{6-2}$$

因此 2D-COS 用下式来表达：

$$\phi(v_1, v_2) = \frac{1}{T_{\max} - T_{\min}} \int_T^{T_{\max}} \widetilde{y}(v_1,t) \times \widetilde{y}(v_2,t)\mathrm{d}t \tag{6-3}$$

式中，$\phi(v_1, v_2)$，表示在 HMI 浓度变化情况下，2 个波长上光谱强度变化的协同程度。

2D-COS 的异步光谱图用下式来表达：

$$\Psi(v_1, v_2) = \frac{1}{T_{\max} - T_{\min}} \int_T^{T_{\max}} \widetilde{y}(v_1,t) \times \widetilde{z}(v_2,t)\mathrm{d}t \tag{6-4}$$

式中，$\Psi(v_1, v_2)$ 表示在 HMI 浓度变化情况下，2 个波长上光谱强度变化的差异程度。

本研究使用 2D-shige 软件进行 2D-COS 的分析[7,8]。分析分为以下几个步骤：①所有 DOM 样品均减去去离子水所作的空白同步荧光光谱或 UV-Vis 谱图；②将减去空白样的光谱图进行导入 2D-shige 软件中；③在 2D-shige 软件中对光谱图进行模型的建立，并得出不同的类型的光谱图形及数据；④在 ORIGIN 软件中进行数据的处理及图形美化。

(2) 非线性拟合模型（Ryan-Weber 模型）

本研究使用非线性拟合模型（Ryan-Weber 模型）来计算 DOM 样品与 HMI 的配合常数（lg$K$）值，从而判断 HMI 与 DOM 分子配合能力的强弱。Ryan-Weber 模型是基于 DOM 与 HM 的配合位点是按照 1∶1 的比例进行反应的[9]，Ryan-Weber 模型是按照以下公式来分析计算的[10]：

$$I = I_0 + (I_{\mathrm{ML}} - I_0)\left(\frac{1}{2K_{\mathrm{M}}C_{\mathrm{L}}}\right)[1 + K_{\mathrm{M}}C_{\mathrm{L}} + K_{\mathrm{M}}C_{\mathrm{M}} \tag{6-5}$$
$$- \sqrt{(1 + K_{\mathrm{M}}C_{\mathrm{L}} + K_{\mathrm{M}}C_{\mathrm{M}})^2 - 4K_{\mathrm{M}}^2 C_{\mathrm{L}}C_{\mathrm{M}}}]$$

式中，C_{M} 表示 HMI 浓度，mg/L；I_0 表示未滴加 HMI 时荧光强度，au；I 表示 HMI 浓度为 C_{M} 时荧光强度，au；K_{M} 表示配合稳定常数；C_{L} 表示配合容量浓度，mg/L；I_{ML} 表示荧光强度不再变化时，HMI 的浓度阈值，mg/L。

本研究使用 ORIGIN 软件对 Ryan-Weber 模型进行分析。分析分为以下几个步骤：①将 FQT 结果导入 ORIGIN 软件中；②在 ORIGIN 中建立 Ryan-Weber 模型，并且对参数进行设定；③在 ORIGIN 软件中进行模型的建立，并得出配合常数。

6.2 生态护坡中溶解性有机质与重金属间的相互作用

6.2.1 生态护坡中溶解性有机质光学特征分析

6.2.1.1 三维荧光光谱分析

由于本试验所研究的 HMI 种类较多，本研究仅选用第一批第 5 次试验所得样品与 Cu^{2+} 进行淬灭滴定实验为例进行分析说明。

EEMs 和 FQT 实验相结合，可以清晰地看出不同样品与不同 HMI 的结合能力和 HMI 的浓度对溶解性有机质的影响。通过图 6-3～图 6-5 中 $0\mu mol/L$ 的实验结果可以发现，样品 R1 中类蛋白峰的强度明显高于样品 R2 和 R3 中类蛋白峰的强

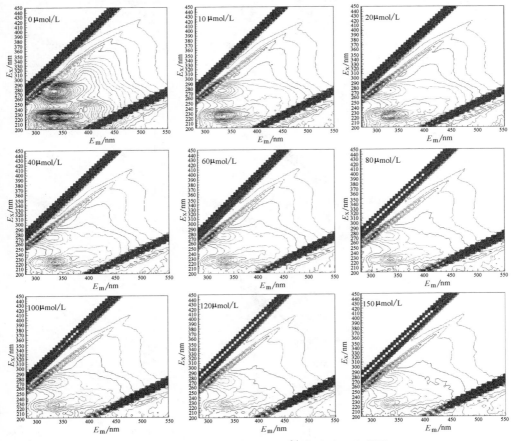

图 6-3　R1 样本中 DOM 与 Cu^{2+} 荧光淬灭光谱图

度，同时对图 6-3~图 6-5 的每张图进行分析可以发现，随着 HMI 浓度的增加，DOM 中各峰的强度出现不同程度的降低，且类蛋白峰的强度降低最为明显。样品 R1 在 Cu^{2+} 浓度为 0 μmol/L 时，峰 B 和峰 D 的强度分别为 1960au 和 1791 au，而当 Cu^{2+} 浓度为 150 μmol/L 时，峰 B 和峰 D 的强度分别为 455au 和 389au。发现随着 Cu^{2+} 浓度的升高，荧光强度发生明显降低。同时类蛋白峰 B 的荧光淬灭程度高于类蛋白峰 D 的淬灭程度，说明峰 B 中含有的类蛋白物质的荧光淬灭能力强于峰 D 中含有的类蛋白物质。通过对比图 6-4 和图 6-5 中 Cu^{2+} 浓度为 0μmol/L 实验结果可知，通过 TEC 处理的出水中类蛋白含量高于经过 IMAEC 出水中类蛋白物质的浓度。这与之前研究结果一致。

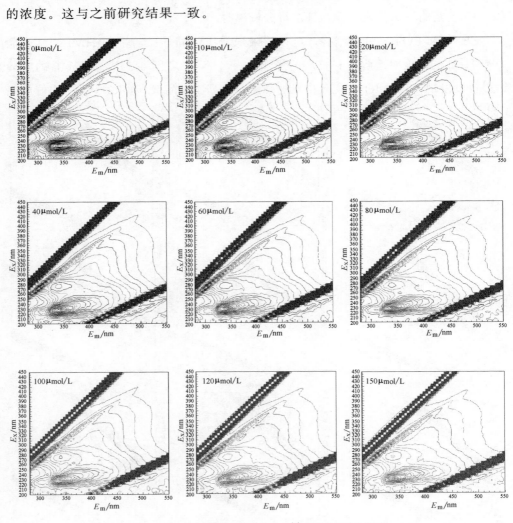

图 6-4　R2 样本中 DOM 与 Cu^{2+} 荧光淬灭光谱图

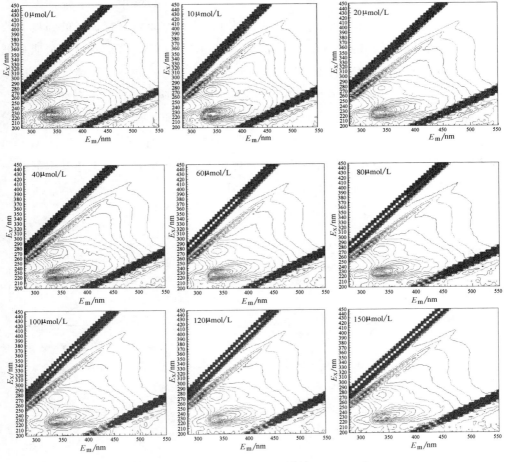

图 6-5　R3 样本中 DOM 与 Cu^{2+} 荧光淬灭光谱图

6.2.1.2　紫外可见光谱分析

由于 DOM 分子中含有大量的不饱和键、不同类型的官能团和芳香结构，而通过扫描样品的紫外可见光谱可以发现不同 DOM 样品中结构的差异性。如图 6-6～图 6-10 所示，通常 UV-Vis 强度在 190～250nm 的范围内，随着波长的增加先达到峰值，通过峰值后，随着波长的增加光谱强度迅速降低；在 250～700nm 的范围内，光谱强度缓慢降低。此外，本研究发现，DOM 样品的紫外光光谱吸收峰值随着 Cu^{2+}、Cd^{2+}、Pb^{2+} 和 Hg^{2+} 四种金属离子浓度的增加而升高。这个结果与 Bai 对 DOM 与 HMI 相互作用的研究结果一致[11]。一般情况下，DOM 的 UV～Vis 没有明显的特征峰。而在添加不同浓度 HMI 后出现了不同强度的峰值，且大部分特征峰出现在 200～250nm 的范围内。而 200～250nm 的范围内主要为以羧基、羟基、酚羟基和酯类为代表的官能团[12]，说明 HMI 与 DOM 中这些官能团发生作用。而 Zn²⁺ 则表现出与其他金属离子不同的 UV-Vis 结果，其特征峰的强度大致是按照普通的趋势进行的，但在 $200\mu mol/L$ 时，R1、R2 和 R3 的特征峰值明显低于其他浓度。通常，DOM 与 HMI 作用受到分子内部结构和外部环境因素共同作用。由于 DOM 分子内部存在大量不饱和结构、空间位阻、跨环效应和助色团，这些结构都是影响 DOM 分子 UV-Vis 强度的因素[13]。而外部因素，如 pH、温度、共存离子浓度等都有可能成为 DOM 与 HMI 配合的影响因素。本研究中，DOM 与 Zn²⁺ 的相互作用与其他金属离子的配合规律不同，可能是由于上述其中的一个或多个因素所造成的，具体原因有待进一步研究。

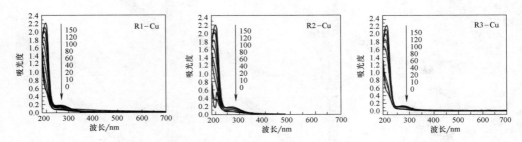

图 6-6　第一批第 5 次试验所得样品与 Cu^{2+} 配合的 UV-Vis 谱图

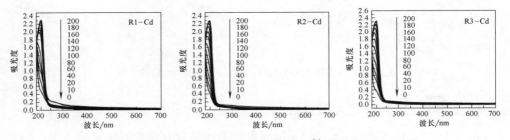

图 6-7　第一批第 5 次试验所得样品与 Cd^{2+} 配合的 UV-Vis 图

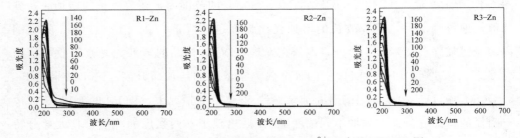

图 6-8　第一批第 5 次试验所得样品与 Zn^{2+} 配合的 UV-Vis 图

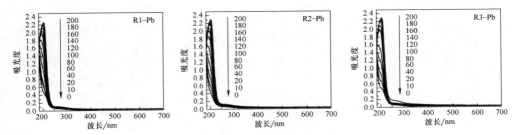

图 6-9　第一批第 5 次试验所得样品与 Pb^{2+} 配合的 UV-Vis 图

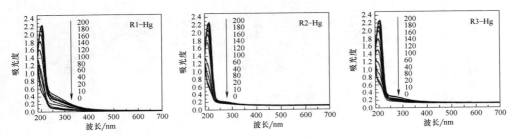

图 6-10　第一批第 5 次试验所得样品与 Hg^{2+} 配合的 UV-Vis 图

6.2.2　统计学分析——平行因子分析

由于 EEMs 中存在大量相互重叠或是荧光强度较低而不易被发现的荧光峰，因此传统的选择荧光峰的方法很难分辨出所有荧光峰。然而，PARAFAC 分析法与 EEMs 相互结合可以很好地将 EEMs 分解成独立的荧光组分[14]。使用 PARAFAC 分析不同浓度的 HM 溶液与 DOM 样品进行 FQT 实验结果，分析结果如图 6-11 所示，所有样品被成功分解为 3 个独立组分。

由 PARAFAC 和 EEMs 相结合所得出的组分与先前的研究结果比较如表 6-1 所示。样品 R1 中 C1 组分的两个荧光峰的 E_x 为 330nm、E_m 分别为 230nm 和 270nm，两个荧光峰分别被定义为类蛋白峰 T2 和 T1。样品 R2 中 C3 组分类似于样品 R1 中 C1 组分，之前的研究也出现过类似的荧光峰[15,16]。在样品 R1 中的 C2 组分里只发现一个 E_x 位于 225nm、E_m 位于 425nm 的紫外类腐殖酸荧光峰 A[17]。样品 R1 中 C3 组分的两个荧光峰的 E_x 为 220nm、E_m 分别为 330nm 和 380nm，这两个共存的荧光峰并未在先前的研究中出现过，它可能是将类蛋白荧光峰 T2 和紫外类腐殖酸荧光峰 A 结合为一体的新荧光峰。样品 R2 中 C1 组分的两个荧光峰的 E_x 为 260nm 和 330nm、E_m 分别为 435nm 和 430nm，两个荧光峰分别被定义为紫外类腐殖酸荧光峰 A 和可见类腐殖酸荧光峰 C[18,19]。样品 R3 中 C3 组分类似

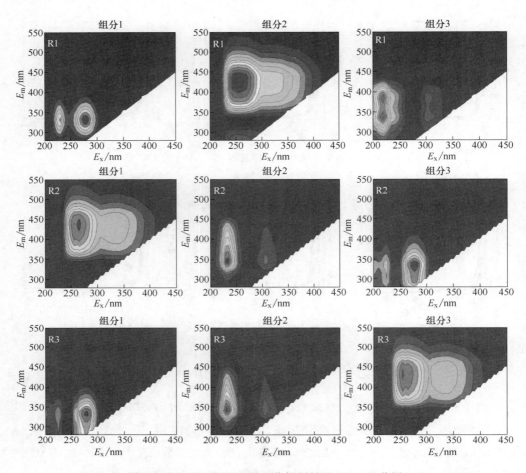

图 6-11 EEMs-PARAFAC 分析所得的 DOM 组分图

于样品 R2 中 C1 组分，但是两个组分间存在轻微的蓝移现象，表明两个组分中官能团的种类和数目存在轻微的变化。PARAFAC 结合 EEMs 试验结果表明不同类型的 EC 处理过程对水体 DOM 中的官能团（羟基、羧基、酯类和羰基等）种类和数量产生不同的影响。

表 6-1 由 EEMs-PARAFAC 分析所得的荧光组分位置及其与先前研究的对比

单位：nm

组分		E_x/E_m	荧光峰位置	与先前研究比较
R1	C1	230/330 275/330	T2：(220～230)/(320～350) T1：(270～280)/(320～350)	C2：230/340 和 280/340[15,16]
	C2	225/425	A：(220～260)/(280～480)	C1：235/425[17]
	C3	220/330 220/380	T2：(220～230)/(320～350) A：(220～260)/(280～480)	还没有被发现过

组分		E_x/E_m	荧光峰位置	与先前研究比较
R2	C1	260/435 330/430	A:(220～260)/(280～480) C:(300～380)/(400～480)	C3:250/461 和 355/461[18,19]
	C2	230/345	T2:(220～230)/(320～350)	C1:230/344[19]
	C3	275/335 225/335	T1:(270～280)/(320～350) T2:(220～230)/(320～350)	C2:230/340 和 280/340[15,16]
R3	C1	275/340	T1:(270～280)/(320～350)	C1:275/320[15]
	C2	225/340	T2:(220～230)/(320～350)	C2:230/344[19]
	C3	225/430 330/425	A:(220～260)/(280～480) C:(300～380)/(400～480)	C3:250/461 和 355/461[18,19]

6.2.3　生态护坡中溶解性有机质与重金属相互作用机理分析

所有由 EEMs-PARAFAC 分析得出的组分与不同 HMI 的 FQT 曲线如图 6-12

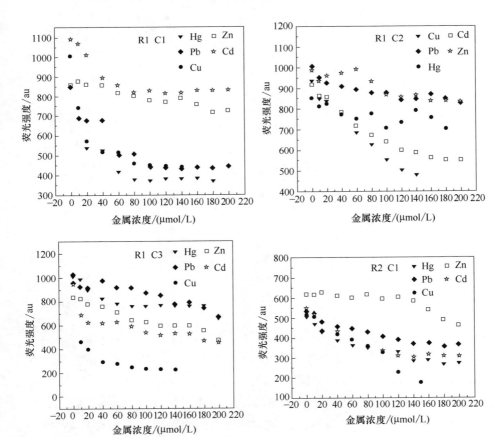

图 6-12

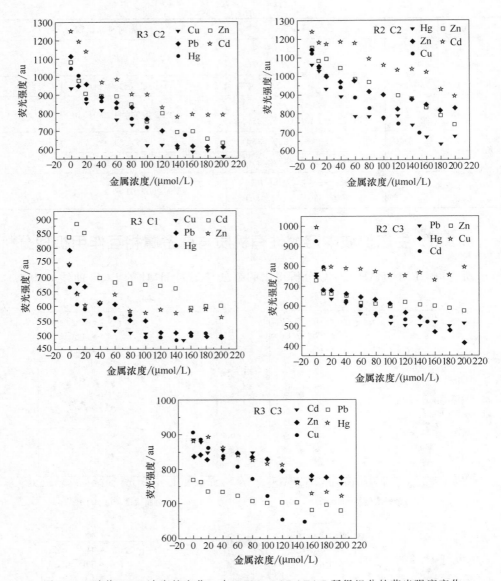

图 6-12　随着 HMI 浓度的变化，由 EEMs-PARAFAC 所得组分的荧光强度变化

所示，且淬灭率见表 6-2。尽管不同荧光组分与 HMI 的淬灭程度不同，但是 Cu^{2+} 和所有荧光组分都存在较强的淬灭效果，而 Cd^{2+}、Zn^{2+}、Pb^{2+} 和 Hg^{2+} 与所有组分也存在不可忽视的淬灭效果，且淬灭效果的趋势与先前的研究一致[20,21]。所有荧光强度都是遵循随着 HMI 浓度的增加而逐渐降低的趋势。然而，样品 R1 中的 C1 组分和样品 R3 中的 C3 组分显示出不同的淬灭滴定曲线。这些组分在 HMI 浓度较低或较高时存在荧光强度增加的情况，这一现象可能是由于以下两个方面原因

所引起的：①隐藏在 DOM 分子中的潜在的荧光基团可能会受到外界 HMI 的影响而显示出来，导致荧光强度的增加。②EC、种植土壤、植物根系分泌物和微生物排泄物等物质中存在大量具有荧光效应的物质，路面径流水样经过 EC 的处理后，出水中可能带出这些物质，导致荧光强度增加。

表 6-2　所有 EEMs-PARAFAC 组分的淬灭率（R）和 lgK 值

组分		Cu²⁺ R/%	Cu²⁺ lgK	Cd²⁺ R/%	Cd²⁺ lgK	Pb²⁺ R/%	Pb²⁺ lgK	Zn²⁺ R/%	Zn²⁺ lgK	Hg²⁺ R/%	Hg²⁺ lgK
R1	C1	56.31	4.8	24.13	3.47	47.84	3.82	15.28	3.54	56.27	3.78
	C2	48.78	3.76	39.97	5.13	27.77	3.74	25.58	—	37.44	4.64
	C3	78.14	4.16	50.23	3.56	30.62	—	43.59	3.42	44.69	4.67
R2	C1	65.89		43.49	3.76	21.68	3.45	24.99		15.85	
	C2	38.30	3.94	28.18		27.31		36.25	3.68	36.75	3.69
	C3	43.65	4.10	20.21	4.53	45.13	3.29	21.31		32.28	3.44
R3	C1	35.10	3.99	28.31	3.42	28.05	3.35	24.84		25.62	3.34
	C2	35.15	3.54	36.95	3.41	34.80		21.34	3.77	39.95	
	C3	28.46	—	14.27	4.97	11.77	3.90	7.32%		18.16	

注："—" 表示 lgK 值太小而不能被计算出来。

样品 R1 中的 C1 组分、样品 R2 中的 C2 和 C3 组分、样品 R3 中的 C1 和 C2 组分被归为类蛋白物质，它们与 Cu²⁺ 的荧光淬灭率分别为 56.31%、38.30%、43.65%、35.10% 和 35.15%（表 6-2）。先前的研究表明[15,22,23] Cu²⁺ 与类蛋白物质存在较强的配合能力，主要配合的官能团位于酚醛结合位点上。实验结果表明 Cu²⁺ 与样品 R1 的配合能力强于 R2 和 R3，同时与 R2 的配合能力强于与 R3 的配合能力。样品 R1 是所有样品中腐殖化程度最低的，其中存在大量的类蛋白物质。IMAEC 对水体中类蛋白类物质的去除效率较 TEC 高，导致样品 R1 和 R3 具有与 Cu²⁺ 相互作用的最高和最低的荧光淬灭率（表 6-2），且实验结果与 UV-Vis 的结论一致。

样品 R1 中的 C2 和 C3 组分展现出类腐殖酸荧光峰，而所有 HMI 与组分 C3 的荧光淬灭能力强于组分 C2。这可能是由于 C3 中存在类蛋白荧光峰 T2 所引起的。实验结果表明，当类蛋白荧光峰和类腐殖酸荧光峰共存于某一组分中时，它们与 HMI 的相互作用基本是相互独立的，相互干扰较小。

通过 Ryan-Weber 模型计算的样品 R2 中的 C1 组分和样品 R3 中的 C3 组分这两个由紫外类腐殖酸和可见类腐殖酸的 lgK 值如表 6-2 所示。lgK 值的范围为 3.29～5.13，这与之前在城市废水处理中的污泥里 DOM 的 lgK 值相似[24]。Cu²⁺ 与所有样品均能较好地模拟出 lgK 值，除了样品 R2 中的 C1 组分、样品 R3 中的

C3 组分，表明 Cu^{2+} 与由类腐殖酸组成的荧光组分在 1：1 的配合模型下不能较好地模拟出 $\lg K$ 值。然而 Cd（Ⅱ）和 Cu^{2+} 显示出完全不同的配合特点。

Cd^{2+} 与类腐殖酸组分可以在 Ryan-Weber 模型下较好地模拟出 $\lg K$ 值。样品 R1 中的 C2、C3 和 C1 组分的 $\lg K$ 值逐渐降低，这与这些组分中的类腐殖酸含量多少一致。类蛋白荧光峰 T1 可能与 Zn^{2+} 的配合效果不好，而 T2 与 Pb^{2+} 的配合效果不好。由于样品 R2 中的 C2 组分和样品 R3 中的 C2 组分只含有类蛋白荧光峰 T2，这些组分与 Pb^{2+} 很难模拟出 $\lg K$ 值。样品 R1 中的 C1 和 C3 组分和样品 R2 中的 C3 组分含有类蛋白荧光峰 T2，它们与 Pb^{2+} 也很难拟合或是存在较低的 $\lg K$ 值。Zn^{2+} 与类蛋白荧光峰 T1 的配合情况和 Pb^{2+} 与 T2 的情况类似，在这里就不进行一一列举。

比较所有组分的 $\lg K$ 值和淬灭率可以发现，样品 R1 与 Cu^{2+} 和 Cd^{2+} 之间存在较高的 $\lg K$ 值和较强的淬灭率，表明 Cu^{2+} 和 Cd^{2+} 与 R1 间的配合能力比 R2 和 R3 强。Hg^{2+} 与原水中的类腐殖酸组分间存在较高的 $\lg K$ 值和较强的淬灭率，在经过不同类型 EC 处理后，其与类腐殖酸组分的配合能力明显降低。实验结果表明，在经过 EC 处理后，水体中 DOM 与 HMI 的配合能力明显降低，而 HMI 在自然水体中潜在的迁移转化风险有所降低。

6.2.4 重金属对生态护坡中溶解性有机质干扰分析

6.2.4.1 DOM 与 Cu^{2+} 的相互作用

通过 EEMs 可以对 DOM 的荧光组分进行定性分析；UV-Vis 可对 DOM 中官能团进行定性分析；PARAFAC 可对大量 DOM 样品进行分离，提取 DOM 样品中的主要成分；FQT 可以定性地分析 DOM 与 HMI 间的相互作用。但是到底是 DOM 分子中哪个部分与 HMI 发生作用，且配合顺序是怎样的并没有显示出来。因此本研究利用 2D-COS，对 DOM 与 HMI 的配合进行分析。本研究以外界 HM 浓度变化为干扰量进行分析，研究不同 HMI 对 DOM 分子的影响。

2D-SYN-COS 显示出不同波长条件下光谱的一致性与协同性。通常 2D-SYN-COS 是以沿着对角线对称的图形，峰的中心位于对角线上，并命名为自发峰。它代表在外界条件的扰动下，光谱强度变化的敏感程度，自发峰强度都为正值且与光谱波动程度成正比。同时表明，较高的自发峰强度代表着 DOM 样品更容易受到外界条件影响而变化[5]。

由图 6-13～图 6-15 的（a）、（b）、（c）中可以看出，在二维同步光谱中，样品 R1 在 310nm 附近出现一个自发峰，且自发峰的范围在 280～380nm 范围内。样品

R2 和 R3 也在 310nm 附近出现一个自发峰，但是 R2 和 R3 自发峰的范围分别为 270～480nm 和 260～440nm 的范围内。表明样品 R2 和 R3 较 R1 更容易受到 Cu^{2+} 浓度的干扰。而样品 R2 和 R3 对 Cu^{2+} 浓度干扰的抗性基本相同。这与 Nakashima

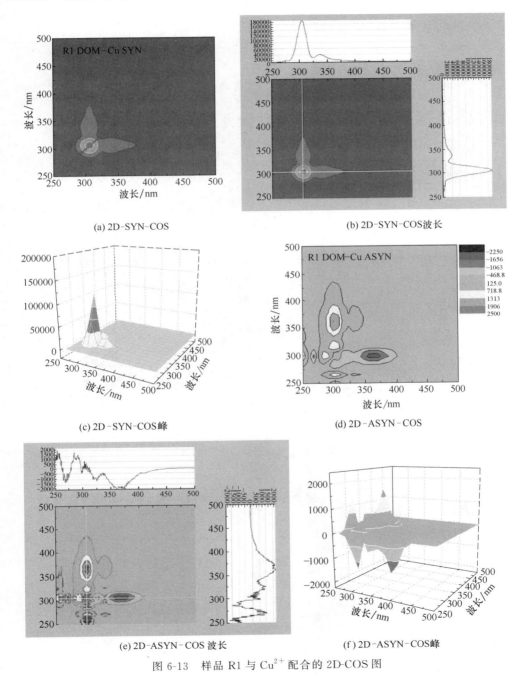

(a) 2D-SYN-COS

(b) 2D-SYN-COS波长

(c) 2D-SYN-COS峰

(d) 2D-ASYN-COS

(e) 2D-ASYN-COS 波长

(f) 2D-ASYN-COS峰

图 6-13　样品 R1 与 Cu^{2+} 配合的 2D-COS 图

和 Wang 的研究结果类似[25,26]，他们发现 Cu^{2+} 与 DOM 相互配合只出现一个自发峰，且在 300nm 附近出现的峰是由于类蛋白物质与 Cu^{2+} 相互配合所引起的。二维同步光谱结果表明，在经过不同类型的 EC 处理后，水体中 DOM 对 Cu^{2+} 浓度变化的敏感性增强。

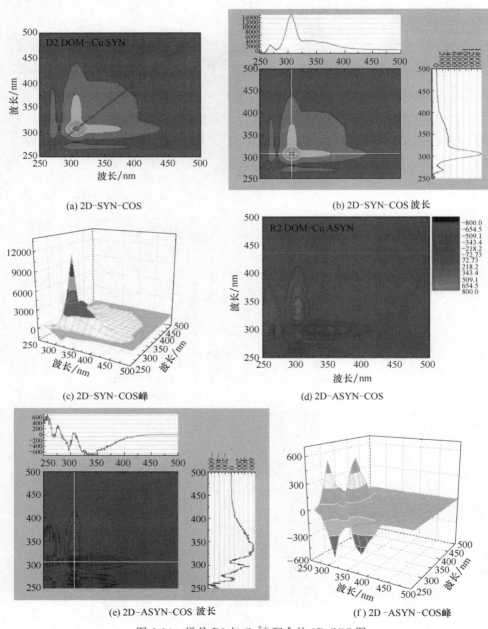

图 6-14　样品 R2 与 Cu^{2+} 配合的 2D-COS 图

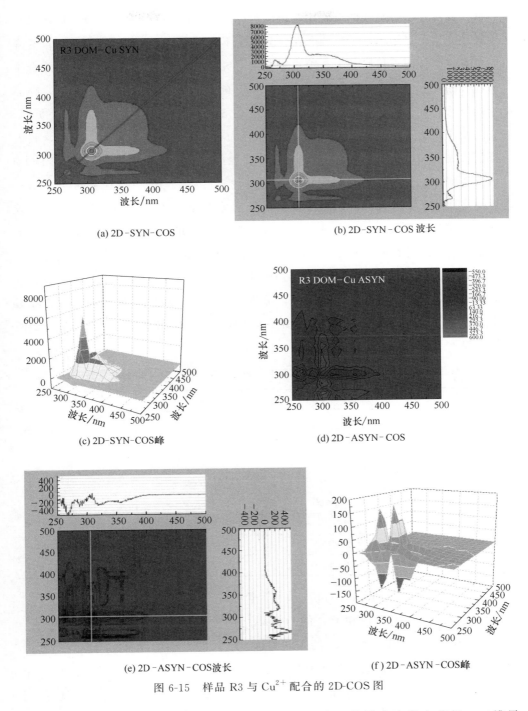

(a) 2D-SYN-COS

(b) 2D-SYN-COS 波长

(c) 2D-SYN-COS峰

(d) 2D-ASYN-COS

(e) 2D-ASYN-COS波长

(f) 2D-ASYN-COS峰

图 6-15 样品 R3 与 Cu^{2+} 配合的 2D-COS 图

更多 DOM 与 Cu^{2+} 配合的配合位点信息可以从二维异步光谱中获得。二维异步光谱可以反映荧光强度随着所滴定 HMI 浓度变化而变化的过程。和二维同步光谱一样，光谱强度等高线图沿着次对角线对称，并且正、负两种交叉峰可以同时在二维异步光谱上显示出来，这些峰在区分由于不同组分和反应优先性造成的重叠峰方面具有重要作用，可以利用二维异步光谱研究 DOM 与 HMI 相互作用的配合位点和配合的先后顺序。从图 6-13～图 6-15 的（d）、（e）、（f）中可以看出，样品 R1 与 Cu^{2+} 相互作用得到的二维异步光谱在对角线下方存在一个正峰和一个负峰，对应的波长位置为 300nm 和 340nm。其峰值大小的顺序为 300nm＞340nm，较大的峰值代表 HMI 与 DOM 反应在该位置处优先配合。对于 Cu^{2+} 来说，在与 DOM 分子发生配合反应时，300nm 附近的光谱带优先反应，当充分反应后再与 340nm 附近的光谱带反应。300nm 附近的光谱带通常代表类蛋白区域，而 340nm 较 300nm 更接近富里酸区，这也进一步验证了先前的研究，Cu^{2+} 与类蛋白的配合能力强于类腐殖酸类物质。同样，样品 R2 在对角线下存在一个负峰和两个正峰，分别为 340nm、260nm 和 290nm。其峰值大小为 290nm＞260nm＞340nm。样品 R3 在对角线下存在两个负峰和一个正峰，分别为 300nm、321nm 和 360nm。其峰值大小为 300nm＞321nm＞360nm。其结果表明样品 R2 和 R3 中 Cu^{2+} 与类蛋白的配合能力强于类腐殖酸类物质。

表 6-3　通过 Ryan-Weber 公式拟合计算出的 DOM 与 Cu^{2+} 的配合常数

样品	波长/nm	lg$K$	R^2
R1	300	4.93	0.99
	340	4.01	0.97
R2	260	3.19	0.78
	290	3.55	0.74
	340	1.68	0.92
R3	300	3.97	0.89
	321	2.81	0.92
	360	2.67	0.95

本研究利用非线性 Ryan-Weber 模型计算出配合位点对应的 lg$K$ 值，从而进一步研究配合位点的优先性和配合能力大小之间的关系。表 6-3 列出所有样品与 Cu^{2+} 的 lg$K$ 值，可以发现，R1 的不同配合位点间的大小关系为 300nm＞340nm，R2 的不同配合位点间的大小关系为 290nm＞260nm＞340nm，R3 的不同配合点位间的大小关系为 300nm＞321nm＞360nm，其 lg$K$ 值与二维异步光谱中峰值的大小顺序一致，说明 DOM 分子中优先与 Cu^{2+} 相互作用的配合位点，其配合能力也较大。

6.2.4.2 DOM 与 Cd²⁺ 的相互作用

由图 6-16~图 6-18 的（a）、（b）、（c）中可以看出，在二维同步光谱中，样品 R1、R2 和 R3 在 310nm 附近出现一个自发峰，这和 DOM 与 Cu²⁺ 的类似。但是样

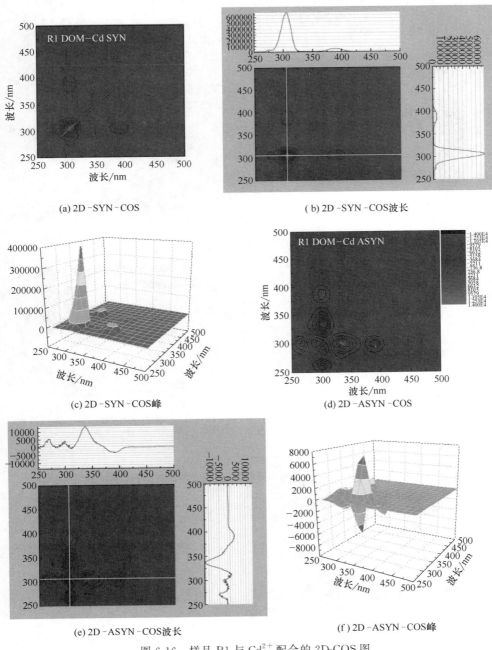

(a) 2D-SYN-COS

(b) 2D-SYN-COS波长

(c) 2D-SYN-COS峰

(d) 2D-ASYN-COS

(e) 2D-ASYN-COS波长

(f) 2D-ASYN-COS峰

图 6-16　样品 R1 与 Cd²⁺ 配合的 2D-COS 图

品 R2 的自发峰相对于 Cu^{2+} 的自发峰范围有所减小，说明样品 R2 相比于 Cd^{2+} 浓度的变化，更容易受到 Cu^{2+} 浓度的变化而影响。实验结果表明，相比于 Cd^{2+}，DOM 与 Cu^{2+} 更容易相互配合，这与先前的研究结果一致。

从二维异步光谱中可以获得 DOM 与 Cd^{2+} 相互作用的配合位点和配合的先后顺序。从图 6-16～图 6-18 的（d）、（e）、（f）中可以看出，样品 R1 与 Cd^{2+} 相互作

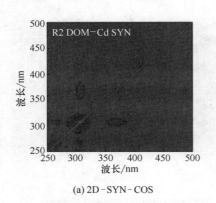

(a) 2D-SYN-COS

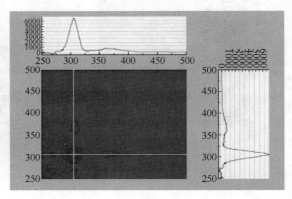

(b) 2D-SYN-COS波长

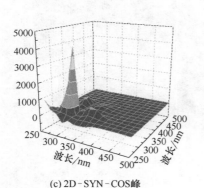

(c) 2D-SYN-COS峰

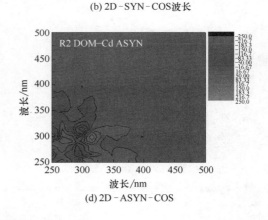

(d) 2D-ASYN-COS

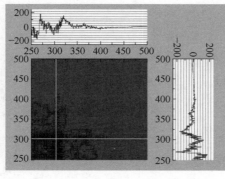

(e) 2D-ASYN-COS波长

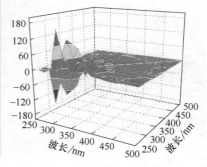

(f) 2D-ASYN-COS峰

图 6-17　样品 R2 与 Cd^{2+} 配合的 2D-COS 图

用得到的二维异步光谱在对角线下方存在三个正峰和一个负峰，对应的波长位置为265nm、290nm、330nm 和 390nm 处。其峰值大小的顺序为 330nm＞265nm＞290nm＞390nm。对于 Cd^{2+} 来说，在与 DOM 分子发生配合反应时，330nm 附近的光谱带优先反应，当充分反应后再与 265nm 和 290nm 附近的光谱带反应，最后再和 390nm 处的光谱带发生反应。330nm 附近的光谱带通常代表类富里酸区域，而 265nm 和 290nm 处于类蛋白区域，这与先前的研究结果一致，表明 Cd^{2+} 与类富里酸类物质的配合能力强于与类蛋白物质的配合能力，这和 Cu^{2+} 与 DOM 相互作用能力强弱相反。在样品 R2 中可以发现两个正峰，分别位于 220nm 和 312nm 处，其峰值大小的顺序为 312nm＞220nm。但是在样品 R3 的二维异步光谱［图6-18（d）］中难以发现较为明显的峰值，但在图 6-18（f）中发现样品 R3 与 Cd^{2+} 相互作用中存在一个强度较低的正峰和负峰，说明其配合能力与其他位点相比不是很突出，即样品 R3 与 Cd^{2+} 并没有明显的结合位点。其结果表明 Cd^{2+} 与 DOM 组分中富里酸成分的配合能力要强于与类蛋白组分的配合能力。同时也说明经IMAEC 处理过后的出水中，DOM 含量明显降低，对水质净化的效果较强。

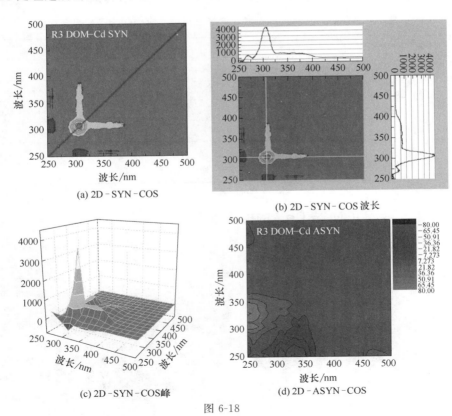

(a) 2D-SYN-COS

(b) 2D-SYN-COS 波长

(c) 2D-SYN-COS峰

(d) 2D-ASYN-COS

图 6-18

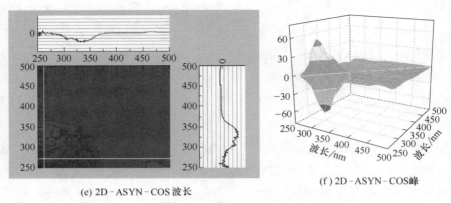

(e) 2D-ASYN-COS 波长   (f) 2D-ASYN-COS 峰

图 6-18　样品 R3 与 Cd^{2+} 配合的 2D-COS 图

表 6-4 列出所有样品与 Cd^{2+} 的 $\lg K$ 值，可以发现，R1 的不同配合位点间的大小关系为 330nm＞265nm＞390nm＞290nm，R2 的不同配合点位间的大小关系为 312nm＞220nm，其 $\lg K$ 值与二维异步光谱中峰值的大小基本顺序一致，说明 DOM 分子中优先与 Cd^{2+} 相互作用的配合位点，其配合能力也较大。

表 6-4　通过 Ryan-Weber 公式拟合计算出的 DOM 与 Cd^{2+} 的配合常数

样品	波长/nm	$\lg K$	R^2
R1	265	1.62	0.89
	290	—	—
	330	3.84	0.95
	390	1.15	0.84
R2	220	2.09	0.73
	312	4.05	0.94

注："—"表示由于配合常数太小，Ryan-Weber 模型无法拟合出。

6.2.4.3　DOM 与 Pb^{2+} 的相互作用

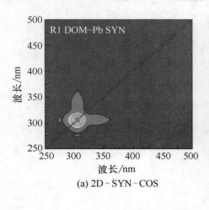

(a) 2D-SYN-COS

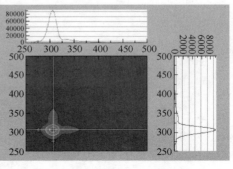

(b) 2D-SYN-COS 波长

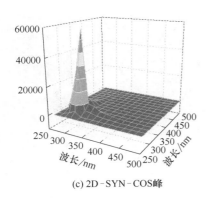

(c) 2D-SYN-COS峰

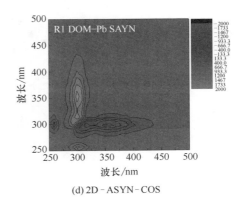

(d) 2D-ASYN-COS

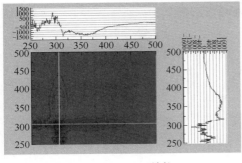

(e) 2D-ASYN-COS波长

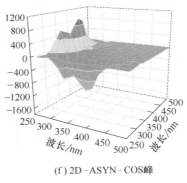

(f) 2D-ASYN-COS峰

图 6-19　样品 R1 与 Pb^{2+} 配合的 2D-COS 图

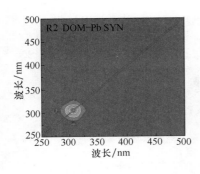

(a) 2D-SYN-COS

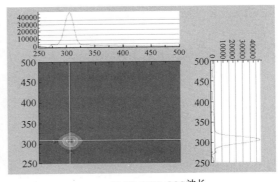

(b) 2D-SYN-COS波长

图 6-20

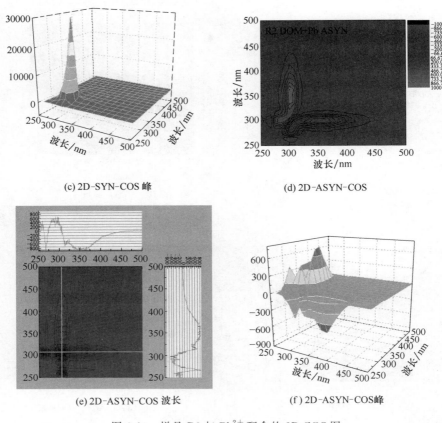

(c) 2D-SYN-COS 峰

(d) 2D-ASYN-COS

(e) 2D-ASYN-COS 波长

(f) 2D-ASYN-COS峰

图 6-20 样品 R2 与 Pb^{2+} 配合的 2D-COS 图

与 Cu^{2+} 和 Cd^{2+} 一样，DOM 与 Pb^{2+} 的 2D-SYN-COS 中也是在 310nm 左右处出现荧光峰，但是其荧光峰的范围较前两 HMI 有所减小，说明 DOM 受 Pb^{2+} 浓度变化的影响相对于前两种金属离子较小。

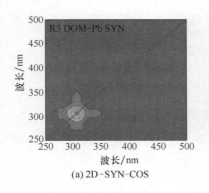

(a) 2D-SYN-COS

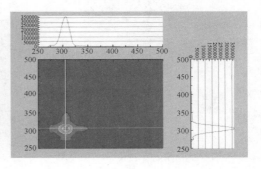

(b) 2D-SYN-COS波长

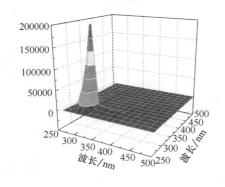

(c) 2D-SYN-COS峰

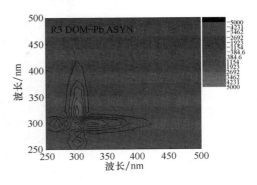

R3 DOM-Pb ASYN

(d) 2D-ASYN-COS

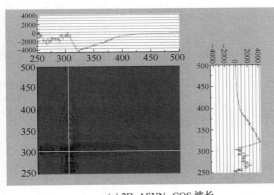

(e) 2D-ASYN-COS 波长

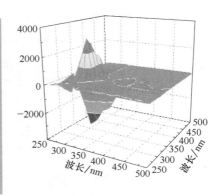

(f) 2D-ASYN-COS峰

图 6-21 样品 R3 与 Pb^{2+} 配合的 2D-COS 图

在 2D-ASYN-COS 中，样品 R1 与 Pb^{2+} 的配合中存在三个负峰 [图 6-19 (d)]，分别位于 258nm、316nm 和 354nm 处。其峰值大小的顺序为 354nm＞316nm＞258nm。这和 Cd^{2+} 与 DOM 相互作用类似，Pb^{2+} 与 DOM 分子中类富里酸的部分配合能力强于类蛋白类物质的配合能力。样品 R2 中分别位于 230nm 和 355nm 处出现一个明显的正峰和负峰 [图 6-20 (d)]，其峰值大小的顺序为 230nm＞355nm。而样品 R3 则是出现三个负峰，分别位于 218nm、231nm 和 328nm 处 [图 6-21 (d)]，其峰值大小的顺序为 328nm＞218nm＞231nm。

表 6-5 通过 Ryan-Weber 公式拟合计算出的 DOM 与 Pb^{2+} 的配合常数

样品	波长/nm	lg$K$	R^2
R1	258	—	—
	316	1.03	0.83
	354	2.98	0.92

样品	波长/nm	lg$K$	R^2
R2	230	2.01	0.95
	355	1.45	0.79
R3	218	0.47	0.62
	231	—	—
	328	2.49	0.84

注:"—"表示由于配合常数太小,Ryan-Weber 模型无法拟合出来。

通过计算样品与 Pb^{2+} 的 lg$K$ 值(表 6-5),发现在样品 R3 中的 218nm 处,lg$K$ 值为 0.45,其值远远小于通常 HM 与 DOM 的配合常数值,说明在 218nm 处的配合能力很低。而样品 R2 中各个配合位点所得的配合常数值大小顺序与 2D-COS 所得结果相反,有可能是正负峰的问题所致,或是应该取其绝对值的大小来判断配合能力,此问题有待进一步研究。此结果只能说明在该点处 Pb^{2+} 与 DOM 的配合能力和配合顺序不成正比。

6.3　本章小结

本章运用多种分析方法研究了 DOM 与 HMI 相互作用的机理,发现以下结论。

① 所有样品通过 PARAFAC 分析可以被很好地分解成 3 个组分。R1 被分解为一个类蛋白组分、一个类腐殖酸组分和一个类蛋白和类腐殖酸共同组成的组分,R2 和 R3 都被分解为一个类腐殖酸组分和两个类蛋白组分。

② 通过 FQT 实验发现:Cu^{2+} 与 DOM 中类蛋白组分的相互作用能力较强,Cd^{2+} 与类腐殖酸类物质的配合效果明显好于其他 HMI。所有 DOM 样品荧光强度都是遵循随着 HMI 浓度的增加而逐渐降低的趋势。

③ 通过 UV-Vis 分析可以发现:DOM 样品的紫外光光谱吸收峰值随着 Cu^{2+}、Cd^{2+}、Pb^{2+} 和 Hg^{2+} 四种金属离子浓度的增加而升高。而 Zn^{2+} 与 DOM 配合趋势与其他 HMI 相同,但是波动幅度较大。

④ 通过 2D-SYN-COS 可以发现:样品 R1 的自发峰的范围在 280~380nm 范围内。样品 R2 和 R3 的自发峰范围分别为 270~480nm 和 260~440nm 的范围内。表明样品 R2 和 R3 较 R1 更容易受到 Cu^{2+} 浓度的干扰。二维同步光谱结果表明,在经过不同类型的 EC 处理后,水体中 DOM 对 Cu^{2+} 浓度变化的敏感性增强。

通过 2D-ASYN-COS 可以发现:样品 R1 与 Cu^{2+} 相互作用时在波长为 300nm 和 340nm 存在两个峰值,其大小的顺序为 300nm＞340nm。样品 R2 在波长为

340nm、260nm 和 290nm 存在三个峰值，其峰值大小为 290nm＞260nm＞340nm。样品 R3 在波长为 300nm、321nm 和 360nm 处存在三个峰值，其峰值大小为 300nm＞321nm＞360nm。较大的峰值代表 HMI 与 DOM 反应在该位置处优先配合。

样品 R1 与 Cd^{2+} 相互作用在波长为 265nm、290nm、330nm 和 390nm 存在三个峰值，其峰值大小的顺序为 330nm＞265nm＞290nm＞390nm。在样品 R2 中波长位于 220nm 和 312nm 处存在两个峰值，其峰值大小的顺序为 312nm＞220nm。样品 R3 中并未发现明显的峰值。说明经 IMAEC 处理过后的出水中，DOM 含量明显降低，对水质净化的效果较强。

样品 R1 与 Pb^{2+} 在位于 258nm、316nm 和 354nm 处存在三个峰值，其峰值大小的顺序为 354nm＞316nm＞258nm。样品 R2 中分别位于 230nm 和 355nm 处出现一个明显的正峰和负峰，其峰值大小的顺序为 230nm＞355nm。样品 R3 在波长位于 218nm、231nm 和 328nm 处存在三个峰值，其峰值大小的顺序为 328nm＞218nm＞231nm。

通过使用 Ryan-Weber 模型计算出不同配合位点对应的 lgK 值可以进一步发现，DOM 分子中与 HMI 配合能力的强弱与配合顺序成正比。

参 考 文 献

[1] Jung Y M，Noda I. Moving-window two-dimensional correlation infrared spectroscopy study on structural variations of partially hydrolyzed poly（vinyl alcohol）[J]. Appl Spectrosc Rev，2006，41：515-547.

[2] Hur J，Lee B M. Study on the spectral and Cu（Ⅱ）binding characteristics of DOM leached from soils and lake sediments in the Hetao region [J]. Chemosphere，2011，83：1603-1611.

[3] Zhang Daoyong，Pan Xiangliang，Mostafa Khan M G，et al.，Complexation between Hg（Ⅱ）and bio-film extracellular polymeric substances：An application of fluorescence spectroscopy [J]. J Hazard Mater，2010，175：359-365.

[4] McIntyre A M，Gueguen C. Comparison of seasonal changes in fluorescent dissolved organic matter a-mong aquatic lake and stream sites in the Green Lakes Valley [J]. Chemosphere，2013，90：620-626.

[5] Noda I. Two-dimensional correlation spectroscopy-Biannual survey 2007-2009 [J]. Journal of Molecular Structure，2010，974（1）：3-24.

[6] Ozaki Y，Czarnik-Matusewicz B，Šašic S. Two-dimensional correlation spectroscopy in analytical chemis-try [J]. Anal Sci，2001，17：1663-1666.

[7] Xu H C，Yu G H，Yang L Y，et al. Combination of two-dimensional correlation spectroscopy and paral-lel factor analysis to characterize the binding of heavy metals with DOM in lake sediments [J]. Journal of Hazardous Materials，2013，263：412-421.

［8］ Jin Hur，Bo-Mi Lee．Characterization of copper binding properties of extracellular polymeric substances using a fluorescence quenching approach combining two-dimensional correlation spectroscopy ［J］．Journal of Molecular Structure，2013：1-6.

［9］ Yao X，Zhang Y，Zhu G，et al．Resolving the variability of CDOM fluorescence to differentiate the sources and fate of DOM in Lake Taihu and its tributaries ［J］．Chemosphere，2011，82（2）：145-155.

［10］ Ryan D K，Weber J H．Fluorescence quenching titration for determination of complexing capacities and stability constants of fulvic acid ［J］．Anal Chem，1982，54：986-990.

［11］ Bai Y，Wu F，Liu C，et al．Ultraviolet absorbance titration for determining stability constants of humic substances with Cu（Ⅱ）and Hg（Ⅱ）［J］．Analytica Chimica Acta，2008，616（1）：115-121.

［12］ Midorikawa T，Tanoue E．Molecular masses and chromophoric properties of dissolved organic ligands for copper（Ⅱ）in oceanic water ［J］．Marine Chemistry，1998，62（3）：219-239.

［13］ 黄世德，梁生旺．分析化学（下册）［M］．北京：中国中医药出版社，2005.

［14］ James F H，Tsutomu O．Characterization of fresh and decomposed dissolved organic mater using excitation-emission matrix fluorescence spectroscopy and multiway analysis ［J］．Agric Food Chem，2007，55：2121-2128.

［15］ Wu J，Zhang H，Yao Q S，et al．Toward understanding the role of individual fluorescent components in DOM-metal binding ［J］．Journal of Hazardous Materials，2012：294-301.

［16］ Henderson R K，Baker A，Murphy K R A，et al．Fluorescence as a potential monitoring tool for recycled water systems：a review ［J］．Water Res，2009，43：863-881.

［17］ Wang Y，Zhang D，Shen Z Y，et al．Characterization and spacial distribution variability of chromophoric dissolved organic matter（CDOM）in the Yangtze Estu ［J］．Chemosphere，2014，95：353-362.

［18］ Murphy K R，Stedmon C A，Waite T D，et al．Distinguishing between terrestrial and autochthonous organic matter sources in marine environments using fluorescence spectroscopy ［J］．Marine Chemistry，2008，108（1）：40-58.

［19］ Coble P G，Del Castillo C E，Avril B．Distribution and optical properties of CDOM in the Arabian Sea during the 1995 Southwest Monsoon ［J］．Deep-Sea Research Part Ⅱ：Topical Studies in Oceanography，1998，45：2195-2223.

［20］ Chase A G，Christopher S K，John P S，et al．Formation of nanocolloidal metacinnabar in mercury-DOM-sulfide systems ［J］．Environ Sci Technol，2011，45：9180-9187.

［21］ Li T Q，Di Z Z，Yang X，et al．Effects of dissolved organic matter from the rhizosphere of the hyperaccumulator Sedum alfredii on sorption of zinc and cadmium by different soils ［J］．Journal of Hazardous Materials，2011，192：1616-1622.

［22］ Tipping E．Cation binding by humic substances ［M］．Cambridge：Cambridge University Press，2002.

［23］ Martins E O，Drakenberg T．Cadmium（Ⅱ），zinc（Ⅱ），and copper（Ⅱ）ions binding to bovine serum albumin．A 113Cd NMR study ［J］．Inorg Chim Acta，1982，62：71-74.

［24］ Wu J，Zhan H，He P J，et al．Insight into the heavy metal binding potential of dissolved organic matter in MSW leachate using EEM quenching combined with PARAFAC analysis ［J］．Water Research，

2011，45：1711-1719.

［25］ Nakashima K，Xing S Y，Gong Y K，et al. Characterization of humic acids by two-dimensional correla-
tion fluorescence spectroscopy ［J］. Journal of Molecular Structure，2008，883：155-159.

［26］ Wang T，Xiang B R，Li Y，et al. Studies on the binding of a carditionic agent to human serum albumin
by two-dimensional correlation fluorescence spectroscopy and molecular modeling ［J］. Journal of Molec-
ular Structure，2009，921（1）：188-198.

7 不同功能区对城市径流中溶解性有机质与重金属相互作用机制的影响

　　城市地表径流中的 DOM 主要是由城市垃圾、汽车尾气中石油类副产物、土壤中有机质、植物枯枝败叶、鸟类粪便等物质及其迁移转化形成的，其组成成分极为复杂。大量研究表明，城市地表径流中重金属来源主要为各类金属材料腐蚀、石油和煤炭等化石燃料的排放、与重金属相关行业的废气烟尘排放、燃油交通工具排放的大量汽车尾气，因此，地表径流受到 Cu^{2+}、Zn^{2+}、Cd^{2+} 和 Pb^{2+} 等重金属的污染较为严重，在降雨冲刷下，包括 DOM 和重金属在内的多种污染物随着径流雨水迁移到附近水体或者城市排水管网。同时城市水环境中的天然有机质含有多种官能团，如羧基、醇羟基、酚羟基等，因为与水体中的许多金属离子具有非常强的结合能力，在这个过程中，水体中的有机质会与多种重金属发生配合反应，而且天然水体中的绝大部分金属离子是以与有机质结合的形态存在的，例如，在淡水水体中，超过90％以上的铜离子是以有机结合态物质存在的，在河流中，大于50％的金属离子会与有机质结合。这种结合作用不仅影响着金属离子的化学形态，同时也在金属离子的物理迁移转化、毒性及生物有效性等方面起着重要作用，改变且影响着金属离子在环境中的行为和归宿。研究有机质与重金属离子的相互作用机理，有利于深入了解其在天然水体中的各种环境行为，并为重金属污染水体的治理和修复提供科学依据。

　　本章采取不同功能区径流雨水提取的 DOM 为研究对象，加入三种不同的重金属，运用紫外可见光谱、二维相关光谱、EEMs-PARAFAC 等方法分析 DOM 与重金属的相互作用。

7.1　径流雨水中重金属特性

　　最近几年，北京市交通工具的大量使用、工业生产燃煤等都造成重金属颗粒富集在道路两旁，也有文献报道重金属主要富集在粒径小于 $300\mu m$ 的固体颗粒上[1,2]。有学者研究发现，Pb^{2+} 主要来自道路标识符使用的含铅涂料及汽车尾气排放的 Pb^{2+} 等；Cu^{2+}、Zn^{2+} 主要来自汽车金属磨损脱落和路面沉积物中，同时也来自铜质、锌质屋面及排水管的表面腐蚀[3]；有研究发现 Cd^{2+} 受到汽车刹车片磨损、焚烧垃圾废气、汽车尾气等的影响较大[4]；Fe^{2+} 的含量则与石化燃料煤、石油的燃烧有关，降雨会通过淋洗作用使飘浮在城市上空的废气降至路面，同时 Fe^{2+} 的来源也与人为活动及地壳中的含量有关，在环境中存在较大的本底值。

表 7-1 列出了 2016 年夏季，不同功能区不同下垫面径流雨水中常见 5 种重金属的检测结果。Cu^{2+}、Pb^{2+}、Zn^{2+}、Cd^{2+}、Fe^{2+} 5 种重金属在路面、屋顶、草地三种下垫面的浓度范围分别为 $0.065 \sim 0.382mg/L$、$0.009 \sim 0.128mg/L$、$0.518 \sim 2.323mg/L$、$0.001 \sim 0.013mg/L$、$3.193 \sim 45.201mg/L$，平均浓度分别为 $0.158mg/L$、$0.042mg/L$、$1.608mg/L$、$0.006mg/L$、$13.620mg/L$。

表 7-1 不同功能区不同下垫面径流雨水中典型重金属比较

样品	Cu^{2+} /(mg/L)	Pb^{2+} /(mg/L)	Zn^{2+} /(mg/L)	Cd^{2+} /(mg/L)	Fe^{2+} /(mg/L)
GB 3838—2002 V 类标准	1.0	0.1	2.0	0.01	0.3
CE1	0.156	0.068	1.023	0.013	20.226
CE2	0.119	0.030	1.465	0.003	13.088
CE3	0.099	0.029	0.589	0.002	8.826
CE4	0.101	0.061	0.886	0.012	8.487
CE5	0.093	0.025	0.869	0.009	7.521
CE6	0.065	0.013	0.632	0.002	6.850
RA1	0.173	0.048	0.967	0.002	7.715
RA2	0.071	0.031	0.816	0.002	4.191
RA3	0.093	0.009	0.680	0.001	4.576
RA4	0.131	0.042	0.799	0.007	7.596
RA5	0.107	0.012	0.777	0.002	6.642
RA6	0.093	0.012	0.518	0.003	3.774
CG1	0.139	0.044	0.717	0.006	22.916
CG2	0.110	0.009	0.588	0.002	15.271
CG3	0.095	0.029	0.378	0.002	3.671
CG4	0.184	0.062	1.291	0.012	27.965
CG5	0.106	0.019	0.956	0.003	15.459
CG6	0.110	0.036	0.854	0.004	3.193

样品	Cu^{2+} /(mg/L)	Pb^{2+} /(mg/L)	Zn^{2+} /(mg/L)	Cd^{2+} /(mg/L)	Fe^{2+} /(mg/L)
CA1	0.380	0.121	1.863	0.004	23.920
CA2	0.152	0.017	1.078	0.009	5.109
CA3	0.097	0.015	0.565	0.004	7.698
CA4	0.274	0.128	2.323	0.011	45.201
CA5	0.110	0.017	1.337	0.004	10.530
CA6	0.099	0.023	0.851	0.008	4.728
RO1	0.283	0.070	1.951	0.003	14.372
RO2	0.380	0.121	1.863	0.004	23.920
RO3	0.382	0.086	2.076	0.004	43.433
RO4	0.156	0.087	0.996	0.005	11.209
RO5	0.218	0.075	1.153	0.002	16.878

结果表明，北京市地表径流中重金属污染严重，发现浓度在同一功能区符合路面＞屋顶＞草地的规律，只有 Cu^{2+}、Zn^{2+} 的浓度在部分功能区中，为屋顶＞路面＞草地。Fe^{2+} 污染程度最高，检测结果与《地表水环境质量标准》（GB 3838—2002）对比，发现大部分均超过地表 V 类水质标准，且为 V 类水质的 30～150 倍，不同功能区呈现道路区（RO）＞商业区（CA）＞居民区（RA）＞文教区（CE）＞古典园林区（CG）的规律，且所有的路面均大于 10mg/L；Cu^{2+} 污染程度较低，各功能区各下垫面浓度均远低于地表 V 类水标准，但仍是不可忽略的重金属污染物，所有功能区路面浓度均超过 0.1mg/L，不同功能区浓度呈现 RO＞CA＞CG＞CE 的规律，其中 CG＞CE 可能与屋顶材质差异有关；Pb^{2+} 在各功能区路面污染均大于屋顶、草地，且浓度值与功能区的车流量成正比关系，道路区均大于 0.07mg/L，CA 车流量仅次于道路，而居民区存在少量私家车，CE 及 CG 几乎没有车辆通行，与之前研究规律一致；Zn^{2+} 的浓度在不同功能区的路面、屋顶均很高，浓度均值分别为 1.38mg/L、0.98mg/L，而草地浓度均值为 0.63mg/L，说明汽车尾气与屋顶材质是径流雨水中 Zn^{2+} 的主要来源，而草地浓度较高，有可能是因为雨落管把屋顶雨水导至绿地，从而使其浓度增大；Cd^{2+} 污染程度最小，大部分浓度均维持在地表水 III 类标准，仅位于北京某大学校区、大兴某商业区路面浓度刚刚超过地表 V 类水质，所以其质量浓度受人为活动、功能区、下垫面差异及地理位置影响较小[5-7]。

7.2 不同功能区地表径流中溶解性有机质通过植草沟后的光谱特性变化

7.2.1 特征区域选取

中国首都北京市，市区位于北纬 39°26′ 和北纬 41°03′ 之间，以及东经 115°25′ 和东经 117°30′ 之间，面积为 16808km^2。北京包括 18 个行政区，是由市政府直接管理的直辖市。8 个区构成了市区，位于市中南部。北京的气候属温暖半湿润的大陆性季风，夏季炎热多雨，冬季干燥寒冷多风。北京市的年平均气温约为 11.9℃。经济和城市建设经过快速发展后，北京已发展成为具有特色的人口密集型的城市，拥有频繁的交通活动和典型的不透水表面。根据以往的研究和北京的特点[8,9]，考虑到不同的区域功能和城市人口群体的密度，本研究将城市划分为四个不同功能区域：道路区域 A，古典园区 B，核心商业区域 C 和住宅区域 D（各个区域的具体人类活动和污染源不同：A 区域机动车的比例较高，B 区域含有大量的植被，C 区域则包含各种各样的人类活动，而区域 D 综合了上述特征）。所有这些功能区都在建成区，每种类型的区域在取样时至少包含四个采样点，并分布在不同的环路之间。采集了 3 月 17 日，4 月 03 日，4 月 13 日，4 月 21 日，5 月 15 日，5 月 17 日共 6 次降雨。然而，由于该试验需要大量的水，因此难以仅从路面获得满水需求。因此，根据收集的雨水水质指标和试验要求，本研究采用实际雨水和实验室模拟混合法生成的人工雨水，其配比为 1:8。

7.2.2 植草沟结构

由于实际工程中不同类型地形的植草沟坡度不同，设计了两个模拟试验植草沟装置 G1 和 G2，用于评价植草沟雨水净化性能，这些装置的结构如图 7-1 所示。A 区和 B 区的径流经过 G1，而 C 区和 D 区的径流经过 G2。植草沟试验模拟装置长 8m，高 1.6m（0.8m）。G1 倾斜，G2 水平；每个装置底部有三个采样口。来自路边绿化带的肉桂土用于将装置填充到 60cm 厚的土壤层。选择高羊茅（*Festuca arundinacea*，禾本科羊茅亚属多年生草本植物）作为覆盖植物，与北京市 LID 设施中使用的植物种类一致。

在径流雨水准备好后，根据流入速率的设计，将降水注入植草沟试验装置的最上部水分配器，然后水开始流入设备。为了模拟靠近主要区域的植草沟实际情况，流入口是根据北京雨水强度公式设计的，具体如下：

$$q = 2001 \times (1 + 0.811 \lg p) / [(t + 8) \times 0.711] \tag{7-1}$$

式中，q 代表雨水强度，$L/(s \cdot hm^2)$；p 是复发间隔，选择为 2 年；t 是道路径流样本到达流入草地沼泽地的集水区最远点所需的时间（选择 5min）。因此，计算的 q 值为 $402L/(s \cdot hm^2)$，约 12.5L/min。设计的取样时间间隔为 1min、2min、5min、10min、20min、30min 和 1h。由于本研究中 PARAFAC 分析是对三维数据阵列进行的，该数据阵列至少由 50 个 DOM 样本的 EEMs 光谱数据组成，因此我们从两个植草沟中一共收集了 50 个以上样本。

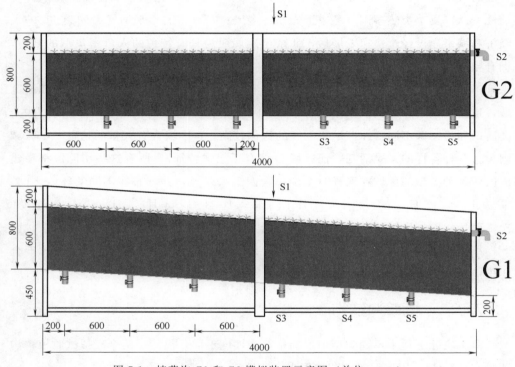

图 7-1　植草沟 G1 和 G2 模拟装置示意图（单位：mm）

7.2.3　植草沟中溶解性有机质的光学特征分析

7.2.3.1　紫外可见光谱

紫外可见光谱广泛用于表征有机质的分子结构[10]。如图 7-2 所示，从区域 A、B、C 和 D 提取的 DOM 的紫外可见光谱的特征为：开始时在 190~200nm 波长段，A、B 区域的吸光度增加；在 190~230nm 波长段，C、D 区域的吸光度增加，之后随着波长的增加吸光度逐渐降低，四个区域的 UV-Vis 图谱均包含了一个特征峰。由于 DOM 分子中含有大量的不饱和键以及芳香结构，且以—COOH、—OH、C═O 等为主[11]，随着紫外-可见光波长的增加会出现峰值，峰值过后随着波长变长，吸光强度会降低并接近于 0。

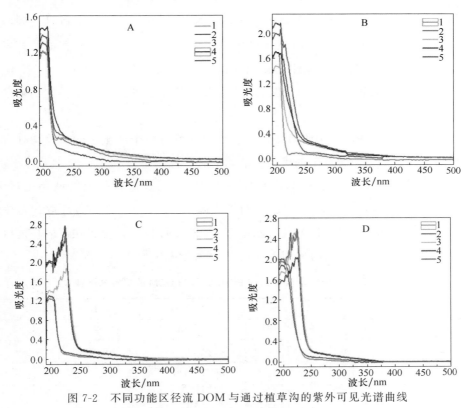

图 7-2　不同功能区径流 DOM 与通过植草沟的紫外可见光谱曲线

DOM 的芳香度和分子量与它们的 UV（250～280nm）摩尔吸光系数强烈相关，并且可以使用在 250～280nm 处测量的摩尔吸光系数可靠地确定它们[12]。在本研究中，DOM 的 UV（250～280nm）摩尔吸光系数顺序为 S5＞S4＞S3＞S2＞S1，这表明来自四个区域的 DOM 的芳香度和分子量遵循出水依次大于进水的顺序。为了获得关于 DOM 的化学组成和转化的更多信息，使用了四个参数：$SUVA_{254}$、E_{250}/E_{365}、E_{253}/E_{203}、$A_{240\sim400}$。$SUVA_{254}$ 已被广泛用作检测不饱和碳键存在的指标[13,14]。

区域 A、B、C 和 D 的样品的 $SUVA_{254}$ 值列于表 7-2 中。Nishijima 和 Speitel[15] 的报道称 $SUVA_{254}$ 的增加意味着更高的芳香度和更高的分子量。因此，本研究的结果表明径流雨水在通过 G1 和 G2 植草沟处理后，DOM 的芳香族缩聚和分子量增加。其中区域 C 和 D 的出水 S5 样品中的 $SUVA_{254}$ 值明显高于 A 区和 B 区，由于 $SUVA_{254}$ 值与 TOC 值呈反比，所以随着 TOC 被去除，$SUVA_{254}$ 值逐渐增加。同时表明低分子量物质和不饱和碳键结构更容易被 G2 植草沟中的微生物利用，或被 G2 植草沟中的植物根系吸收于土壤层过滤。

如表 7-2 所示，在 A 区和 B 区的植草沟处理后，E_{250}/E_{365} 比率降低。因此表明在植草沟 G1 中处理后，DOM 的腐殖化程度和分子量增加[16]。以前的研究发现 E_{250}/E_{365} 大于 3.5，表明样品主要由富里酸组分组成。本研究中的 E_{250}/E_{365} 值均大于 3.5，表明在两条植草沟处理之前和之后，富里酸在来自四个不同功能区的样品中均处在优势位置。

如表 7-2 所示，本研究中的 E_{253}/E_{203} 比率在所有四个区域中的植草沟处理后呈现增加趋势，即表明芳环上的极性官能团的量在样品中为从进水 S1 到出水 S5 递增的顺序[17]。其中区域 C、D 的出水样品中 E_{253}/E_{203} 值较其他区域相比最大，这一结果表明，在植草沟 G2 处理过后的径流雨水中，DOM 中的芳环取代基中羧基和羰基含量较高。而四个区域的进水中 E_{253}/E_{203} 值较低，说明在不同功能区的径流雨水中 DOM 的脂肪链的比例都不处于主导地位。

表 7-2　根据 UV-Vis 吸收光谱和 EEMs 计算的 DOM 的选定光谱参数

光谱参数	A					B				
	S1	S2	S3	S4	S5	S1	S2	S3	S4	S5
$SUVA_{254}$	0.15	0.06	0.34	0.40	0.42	0.09	0.19	0.48	0.55	0.59
E_{250}/E_{365}	12.19	9.49	5.02	4.02	4.06	7.27	8.17	4.53	5.86	5.07
E_{253}/E_{203}	0.01	0.01	0.07	0.10	0.10	0.04	0.04	0.16	0.15	0.14
$A_{240\sim400}$	11.54	2.98	16.11	17.46	17.76	1.66	7.77	18.46	18.78	21.74
HIX	0.63	0.82	0.87	0.87	1.02	0.13	0.98	1.23	0.94	0.99
BIX	0.91	0.70	0.90	0.91	0.91	1.66	0.96	0.94	0.92	0.98
光谱参数	C					D				
	S1	S2	S3	S4	S5	S1	S2	S3	S4	S5
$SUVA_{254}$	0.03	0.12	1.93	1.77	1.96	0.05	0.92	3.10	1.18	1.59
E_{250}/E_{365}	12.71	15.18	6.19	12.53	15.79	3.70	10.07	9.57	13.85	6.16
E_{253}/E_{203}	0.00	0.01	0.31	0.14	0.12	0.01	0.09	0.32	0.09	0.26
$A_{240\sim400}$	1.14	3.09	13.81	13.29	14.09	3.76	6.33	15.77	13.61	14.49
HIX	0.15	2.35	2.56	3.62	3.74	0.11	1.40	2.93	2.06	3.48
BIX	1.39	0.97	0.82	0.93	0.96	2.01	1.00	0.82	0.82	0.81

$A_{240\sim400}$ 是 240nm 和 400nm 之间的紫外吸收光谱的积分区域，反映了有机质的吸收情况。随着 $A_{240\sim400}$ 的增加，DOM 中含有苯环结构的化合物增加。在全部四个功能区中，S5 出水样品显示出比 S1 进水样品更高的 $A_{240\sim400}$ 值，表明土壤层过滤降低了 DOM 样品中极性官能团的含量。此外，区域 A 在进水径流处 S1 样品具有更高的 $A_{240\sim400}$ 值，表明路边区域道路径流 DOM 中包含更少的极性官能团。

7.2.3.2　三维荧光及平行因子分析

雨水径流通过植草沟前后 DOM 的 EEMs 谱图如图 7-3 所示。通过 G1 和 G2 的径流雨水 DOM 总共有四种不同的荧光团作为峰或肩存在。图 7-3A（S1）显示第一峰（峰 A）的特征在 $\lambda_{E_x}/\lambda_{E_m}=(260\sim270\text{nm})/(450\sim465\text{nm})$ 的波长对，与类黄腐化合物有关[18,19]。在波长 $\lambda_{E_x}/\lambda_{E_m}=(380\sim405\text{nm})/(450\sim480\text{nm})$ 附近发现第二峰（峰 C）并且与腐殖质样酸有关。这些荧光峰与陆地源或外来源 DOM 的来源有关。由图可以在 $\lambda_{E_x}/\lambda_{E_m}=(220\sim230\text{nm})/(320\sim340\text{nm})$ 的波长处发现第三峰（峰 B）。先前已报道该峰与色氨酸样化合物有关。位于 $\lambda_{E_x}/\lambda_{E_m}=(240\sim250\text{nm})/(300\sim320\text{nm})$ 处的另一个峰（峰 D）也可能与色氨酸样化合物有关。之前的研究表明其中两种类蛋白质荧光团显示出一种恒定的关联，这种关联在本土产生[20]。

DOM 样品在区域 A 的进水（S1）中有四个明显的荧光峰，两种蛋白质峰（峰 B 和峰 D）和两种腐殖酸峰（峰 A 和峰 C）。在区域 B、C 和 D 的进水样品中，蛋白质峰较明显。由 A 处的四个荧光峰（S5）可以看出经过植草沟 G1 后，DOM 中这四个峰的荧光强度降低，尤其是两个蛋白质样峰。然而与功能区 A 相比，在区域 B、C 和 D 中，除了蛋白质类物质的荧光峰强度降低，还存在腐殖酸峰的荧光强度显著增加，且还出现长波长的腐殖酸峰，同时富里酸峰的荧光强度增加。蛋白质样物质在重金属和 DOM 之间的配合中起重要作用[21]，所以蛋白质样物质的减少部分原因是荧光淬灭的作用，此外一部分小分子的蛋白质物质会被植物根系吸收或被微生物分解利用。结果与先前的紫外可见光谱参数所得出的结论一致，表明植草沟对不同功能区的径流雨水中的蛋白质样物质具有去除效果。富里酸峰荧光强度的增加说明在经过植草沟后，区域 B、C 和 D 中的腐殖酸类物质增多，这些腐殖质可能来自两条植草沟中的植物根系腐烂或微生物分解物的溶出。

三维荧光激发发射光谱参数可用于评估 DOM 的腐殖质。从 EEMs 中可以获得两个重要参数：腐殖化指数（HIX）和微生物指数（BIX），用以评估腐殖化程度和 DOM 的来源[22,23]。HIX 通过将激发光谱 $\lambda_{E_x}=254\text{nm}$ 处的发射光谱 λ_{E_m} 最后

1/4（435～480nm）的面积除以前 1/4（300～345nm）的面积来计算。HIX 值通常随着生物量分解而增加[24]，而较低的 HIX 值（＜10）对应于相对非腐殖化的 DOM[25]。表 7-2 显示了通过植草沟后的 DOM 样品具有较低的 HIX 值，其范围为 0.11～3.62，表明不同功能区的径流雨水 DOM 源自非腐殖性有机质。从植草沟 G1 获得的 HIX 值较低于植草沟 G2 的 HIX 值，表明植草沟 G2 中的微生物降解增加了腐殖质的相对含量。在四个区域中的出水样品 S2～S5 显示出相对进水 S1 较高的 HIX 值，表明通过植草沟后腐殖化的有机质有所溶出，这一结果与三维荧光图谱所显示的结果一致。

BIX 是激发光谱 λ_{E_x} = 310nm 处的发射波长 λ_{E_m} = 380nm 时的荧光强度与发射波长 λ_{E_m} = 430nm 处的荧光强度的比率[26]，它可以反映 DOM 的起源。高于 1.00 的 BIX 值对应于新鲜产生的微生物来源的 DOM。由表 7-2 可知本研究中 A 功能区的进水样品 DOM 的 BIX 值范围小于 1.00，表明道路上的径流雨水 DOM 中微生物来源较少，而 B、C 和 D 功能区的人类活动以及植物分布较多，所以其径流雨水 DOM 多来自微生物来源，在通过植草沟后，各功能区径流雨水中的 BIX 指标均有所下降。

使用平行因子 PARAFAC 分析从四个区域的植草沟中提取的 DOM 样品的 EEMs 光谱。PARAFAC 分析能够提供额外的定量信息，用来描述 DOM 样品中若干种成分的分布情况，尽管不同样品的荧光特征有所不同，但所有荧光 EEMs 光谱数据都可以通过 PARAFAC 分析分解为包含几个组分的模型。如图 7-3 所示，根据本试验的 EEMs 数据进行 PARAFAC 分析，径流雨水 DOM 中的三个主要组成部分成功从不同功能区域和不同植草沟中分解出来。组分 1（Component1，C1）由两个类似于 Chen 等[27] 在 2003 年所发现的疏水部分 [$\lambda_{E_x}/\lambda_{E_m}$ = (230～245nm)/(400～430nm)] 的峰和由表面水性 DOM 鉴定的亲水部分 [$\lambda_{E_x}/\lambda_{E_m}$ = (300～350nm)/(400～430nm)] 组成，其类似于腐殖质样荧光峰 A[28-30]。组分 2（C2）具有两个主要的荧光峰，在 $\lambda_{E_x}/\lambda_{E_m}$ 波长等于 230nm/(300～330nm)，类似于先前研究中的传统峰 T2[28]，其与蛋白质样和色氨酸样物质相关。组分 3（C3）的 EEMs 光谱特征分别以 $\lambda_{E_x}/\lambda_{E_m}$ 波长等于 260nm/460nm 和 380nm/460nm 处的峰为特征，被归类为传统的陆地腐殖质样 C 峰。光谱特征与陆地衍生的类腐殖质 PARAFAC 成分报道的相似[31-33]。据报道，长波长的荧光信号与具有高芳族缩聚度的复杂结构组分有关，次级信号表现出类似于源自污水 DOM 的色氨酸物质的 EEMs 峰[34]。通常，具有高共轭度的有机质与长波长的荧光信号相关，而短波长的荧光与具有低芳香性的简单组分的存在相关[35]。因此，具有长波长的 C3 表现出高度芳香族缩聚和更高的化学稳定性。三维荧光及平行因子所得的荧光组分 C1、C3 和 C3 的位置及其与早期研究的对比列于表 7-3 中。由 DOM Fluor-PARAFAC 模型识别的三种组分的荧光激发-发射矩阵轮廓见图 7-4。

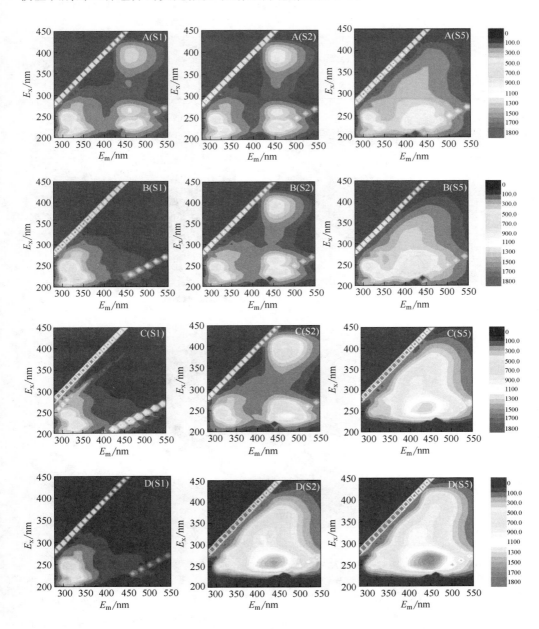

图 7-3 不同地区雨水径流中 DOM 通过植草沟前后的 EEMs 图谱

表 7-3　三维荧光及平行因子所得的定荧光组分位置及与早期研究对照

单位：nm

组分	$\lambda_{E_x}/\lambda_{E_m}$	已知荧光峰位	DOM 类型	DOM 来源	文献研究对比
C1	260/425	峰 A： （230～260）/（380～460）	紫外类腐殖酸	陆地源和海洋源	250(310)/416[36] 325(260)/385[37]
C2	225/325	峰 T2： （220～230）/（300～330）	色氨酸	微生物源和陆地源	230/340[38]
C3	260(380)/460	峰 A： （230～260）/（380～460） 峰 C： （300～380）/（400～480）	紫外类腐殖酸和 可见光腐殖酸	陆地源	250(310)/416[36]

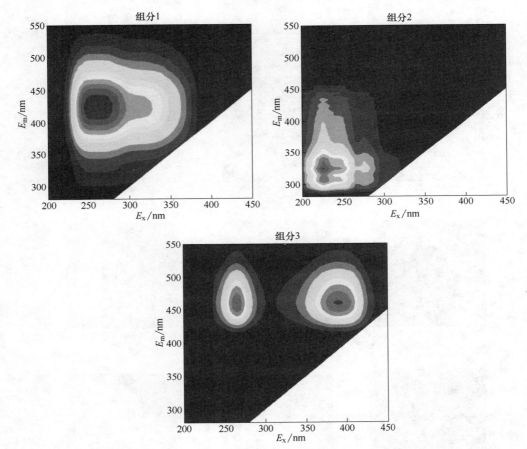

图 7-4　由 DOM Fluor-PARAFAC 模型识别的三种组分的荧光激发-发射矩阵轮廓

平行因子 PARAFAC 分解的三种组分的 F_{max} 荧光值在不同径流雨水样品中所占的比例如图 7-5 所示，其中 C2 是色氨酸样物质，属于蛋白质物质的主要成分，其在 A 功能区的进水样品中占 61.68％，而在经过植草沟 G1 后，C1 和 C3 增加，而 C2 下降至 53.89%。蛋白质样组分 C2 的减少，结果与先前的 3D-EEMs 结果相结合，表明腐殖质样组分 C1 和 C3 与微生物活性相关并因此显示出上升趋势。同时，还证明了禾本科植草沟的土层具有很强的去除小分子和可生物降解的蛋白质物质的能力，这表明高分子量和芳香的陆地有机质相对难以在植草沟中去除。在功能区 B 的样品中，观察到组分 C2 的去除效果非常轻微，只有组分 C3 呈现下降趋势，说明古典园林区含有的蛋白类物质难以在植草沟处理中减少。在功能区 C 中，与进水 S1 样品相比，经过植草沟 G2 后 S5 样品中组分 1 增加了 14.07%，说明植草沟 G2 有腐殖类物质溶出的情况。与此同时，在功能区 D 中，出水 S5 样品中的组分 3 在经过草地沼泽 G2 后，与进水 S1 样品相比增加了 28.87%。这些变化均表明相比于植草沟 G1，植草沟 G2 表现出较大分子量有机质的溶出现象，部分原因是因为雨水通过植草沟 G2 需要更长的时间。该结果与 $SUVA_{254}$ 和 EEMs 分析的结果也一致，即蛋白类和色氨酸样化合物在植草沟 G1 中显示出相对高的去除效率。说明植草沟倾斜类型的变化可以通过改变吸收和转化时间来进一步提高 DOM 的去除效率。

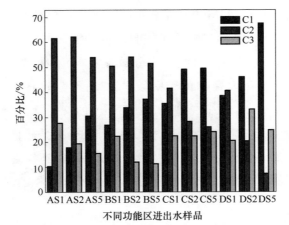

图 7-5　来自不同区域的 DOM 样品中三种 PARAFAC 衍生组分的分布

7.2.4　统计学分析——主成分分析

为了更加深入地了解径流雨水的 DOM 组分在不同径流雨水样品中的分布情况，本研究对三种平行因子组分的 F_{max} 值进行主成分分析。主成分分析 PCA 可以显示变量之间的较小部分相关性（KMO=0.618）和高依赖性（$P<0.001$）。一般来说，当 KMO 值高于 0.5 且 Barteltt 球形测试 P 值低于 0.05 时数据可视为适合进行 PCA，本试验中的 KOM 值为 0.618，P 值为 0.000，说明本试验的

PARAFAC 数据适用于主成分分析方法。当分析中前 X 个主成分的贡献率累积达到 85% 以上时，我们就认为有 X 个主成分，对于本研究中所有 DOM 样品中的三种 PARAFAC 荧光组分，PCA 的第一轴和第二轴（因子 1 和因子 2）分别占 PARAFAC 荧光组分分布变化的 63.47% 和 27.93%，因此 PCA 将 PARAFAC 组分的荧光强度数据分为两个因子：F1（Factor1）和 F2（Factor2）。每个 PCA 因子是三个 PARAFAC 荧光成分的线性组合，其中测量的因子是无量纲的，可以是阴性或阳性，表达式如下：

$$F1 = 0.965C1 - 0.303C2 + 0.809C3 \tag{7-2}$$

$$F2 = 0.049C1 + 0.928C2 + 0.477C3 \tag{7-3}$$

F1 和 F2 的载荷得分如图 7-6 所示。在图 7-6（a）中类腐殖质荧光成分 C1 和 C3 对 F1 和 F2 均显示出正负荷，表明陆地腐殖质样物质对这两种因素都占主导地位。蛋白质样的 C2 荧光成分具有正因子 F2 负载和负因子 F1 负载，且接近因子 F2 轴，表明蛋白质样物质在 F2 中处于领先地位[39]，即 F2 是代表以类蛋白物质为主的因子。

各个功能区径流雨水 DOM 在植草沟的进水及出水样品获得的 PCA 因子负载得分显示在图 7-6（b）中。该图显示了来自不同功能区域的样品的差异：大多数样本相对分散，表明雨水径流中 DOM 组分随着功能区和植草沟处理后变化较大。在功能区 A 的大多数样本聚集的 F1 因子 PCA 得分较低，F2 较高（分别为 −1.2～−0.2 和 0.2～1.6），这表明在功能区 A 的交通活动增加了蛋白质样物质[40]。同时，功能区 B 样本也位于 F2 分数较高和 F1 分数较低的区域位，这可能是由于植物的分解和微生物的活动，使得区域 B 中蛋白类物质处于领先地位。区域 C 样本显示更高的 F2 得分，其包含组分 C2 和 C3 作为主要组分，表明人类活动

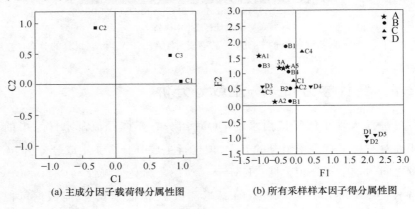

(a) 主成分因子载荷得分属性图　　(b) 所有采样样本因子得分属性图

图 7-6　PARAFAC-PCA 结果

和蛋白质样物质之间的相关性更高。相比之下，功能区 D 中的三个样品 D1、D2 和 D5 与其他样品相比显示出明显的差异：它们获得了最高的 F1 得分，表明区域 D 的组分主要由腐殖质构成，该结果与 PARAFAC 分析所得的结果一致。

7.3 不同功能区地表径流中 DOM 通过生态混凝土驳岸后的光谱特性变化

7.3.1 生态混凝土驳岸结构

生态驳岸试验装置基于实际人工生态护岸结构设计，如图 7-7 所示。长度为 1.5m，高度为 0.8m，倾角为 35°。生态护岸包括底部种植土壤、生态混凝土层和顶部土壤层。顶部和底部种植土壤层相同，生态混凝土层组填充了基于吸收材料的改进生态混凝土层，包括火山岩、活性炭和陶粒。水样在入口布水器（进水口）1 注入并从出水口 6 收集。水力停留时间设定为 30min，以模拟实际人工生态护岸。选择高羊茅（*Festuca arundinacea*，禾本科羊茅亚属多年生草本植物）作为覆盖植物，与北京市 LID 设施中使用的植物种类一致。

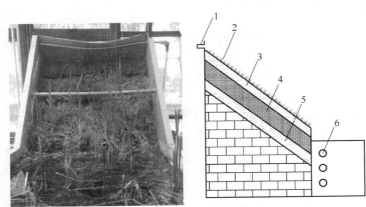

图 7-7 生态混凝土护岸模拟装置示意图

1—进水口；2—植物（高羊茅）；3—种植土壤；4—生态混凝土；5—底部种植土壤；6—出水口

7.3.2 生态混凝土驳岸中溶解性有机质的光学特征分析

7.3.2.1 紫外可见光谱

DOM 的芳香度和分子量与它们的 UV（250～280nm）摩尔吸光系数强烈相关，并且可以用在 250～280nm 处测量的摩尔吸光系数来确定它们[40]。为了获得关于 DOM 的化学组成和转化的更多信息，在生态驳岸的研究中也使用参数 $SUVA_{254}$、E_{250}/E_{365}、E_{253}/E_{203}、$A_{240\sim400}$ 以及 FI 来分析紫外可见光谱信息。区域 A、B、C 和 D 的样品的 $SUVA_{254}$ 显示在表 7-4 中。研究的结果表明，径流污染在经过生态混凝土护岸处理后，DOM 的芳香族基团缩聚，分子量增加。在区域 B 和 D 的出水 S4 中的 $SUVA_{254}$ 值明显高于 A 区和 C 区，表明低分子量物质和不饱和碳键结构更易于在植物较多的 B 区和 D 区被微生物利用、植物根系吸收以及被土壤层过滤。

如表 7-4 所示，A、B、D 功能区的径流雨水在经过生态混凝土护岸处理后，E_{250}/E_{365} 比值降低，而在功能区 C 的进水 S0 样品中初始的 E_{250}/E_{365} 比值相对较高，且在出水中有所上升。上述结果表明生态混凝土护岸处理后，雨水径流的 DOM 腐殖化程度一般呈现分子量增加。以前的研究发现 E_{250}/E_{365} 大于 3.5，表明样品主要由富里酸组分组成。如表 7-4 所示，四个不同功能区的径流雨水在进水和出水中的 E_{250}/E_{365} 值均大于 3.5，表明在生态混凝土护岸处理之前和之后，富里酸在来自四个不同功能区的样品中均占优势地位[41]。

表 7-4　根据紫外-可见吸收光谱及三维荧光计算的 DOM 的选定光谱参数

光谱参数	A					B				
	S0	S1	S2	S3	S4	S0	S1	S2	S3	S4
$SUVA_{254}$	0.26	0.16	0.15	0.23	0.95	0.03	0.12	1.93	1.77	1.96
E_{250}/E_{365}	10.06	9.35	6.20	5.22	4.54	10.22	7.35	6.48	5.85	5.77
E_{253}/E_{203}	0.36	0.22	0.12	0.29	0.30	0.50	0.37	0.16	0.15	0.14
$A_{240\sim400}$	28.67	15.88	9.41	8.93	9.42	25.05	12.05	9.43	10.05	8.70
FI	1.71	1.72	1.74	1.73	1.71	1.84	1.77	1.75	1.76	1.74
HIX	0.18	0.17	0.14	0.13	0.14	0.17	0.18	0.20	0.16	0.15
BIX	0.91	0.72	0.90	0.91	0.86	0.88	0.96	0.94	0.92	0.98
光谱参数	C					D				
	S0	S1	S2	S3	S4	S0	S1	S2	S3	S4
$SUVA_{254}$	0.03	0.17	0.61	0.77	0.96	0.22	0.27	0.33	0.54	1.39
E_{250}/E_{365}	12.71	15.18	6.19	12.53	15.79	10.71	6.16	5.61	5.47	5.03
E_{253}/E_{203}	0.00	0.01	0.31	0.14	0.12	0.41	0.15	0.13	0.14	0.14
$A_{240\sim400}$	28.20	12.28	8.93	8.76	12.31	23.68	11.04	8.26	9.61	11.04
FI	1.72	1.70	1.71	1.69	1.63	1.81	1.78	1.77	1.75	1.74
HIX	0.26	0.23	0.19	0.18	0.18	0.15	0.14	0.14	0.13	0.11
BIX	0.77	0.78	0.82	0.93	0.88	0.89	0.84	0.82	0.82	0.81

E_{253}/E_{203} 比率与芳环中稀有取代基或与脂肪族官能团取代有关，而较高的 E_{253}/E_{203} 比率表明存在极性官能团。当芳环上的羧基、羟基、羰基和其他官能团的比例增加时，E_{253}/E_{203} 增加。如表 7-4 所示，本研究中的 E_{253}/E_{203} 比率在 C 区的生态混凝土护岸处理后增加，表明芳环上的极性官能团的数量在出水中增加。A 区的 E_{253}/E_{203} 在出水中的下降趋势不明显，表明在人口密度高的功能区，DOM 中的芳环取代基：羧基和羰基含量较难以去除。而 B 和 D 功能区径流污染 DOM 通过生态混凝土护岸后的 E_{253}/E_{203} 值下降较明显，这一现象可能因为在微生物和植物较多的区域中，DOM 分子的脂肪链的比例处于主导地位，且容易被生态混凝土驳岸带所吸收去除。

$A_{240\sim400}$ 是 240nm 和 400nm 之间的紫外吸收光谱的积分面积，反映了有机质的吸收情况。随着 $A_{240\sim400}$ 的增加，含有苯环结构的化合物也增加。在四个功能区域中，S4 样品显示出比 S0 样品更低的 $A_{240\sim400}$ 值，表明土壤层过滤增加了 DOM 样品中极性官能团的含量。此外，区域 A 在入水的径流处具有更高的 $A_{240\sim400}$ 值，表明道路径流 DOM 在路边区域中包含更少的极性官能团。

7.3.2.2 三维荧光及平行因子

使用 PARAFAC 分析了从四个区域的生态混凝土护岸中提取的 DOM 样品的 EEMs 光谱。沿生态混凝土护岸的雨水径流中 DOM 的 EEMs 谱图如图 7-8 所示。通过生态混凝土护岸的雨水径流 DOM 具有不同的 EEMs 谱。本研究中总共有三种不同的荧光团作为峰或肩存在：图 7-8A 中可以显示第一个峰（峰 A）的特征在于 $\lambda_{E_x}/\lambda_{E_m} = (250\sim270\text{nm})/(450\sim465\text{nm})$ 的 E_x/E_m 波长对，其与富里酸化合物有关[18,42]。第二个峰（峰 C）为接近波长 $\lambda_{E_x}/\lambda_{E_m} = (380\sim405\text{nm})/(450\sim480\text{nm})$ 的肩峰，此峰与陆源 DOM 中的腐殖质酸有关。在波长 $\lambda_{E_x}/\lambda_{E_m}$ 为 $(220\sim230\text{nm})/(320\sim340\text{nm})$ 可以发现第三峰（峰 B）的肩峰，先前已报道该峰与微生物来源的色氨酸样化合物有关。在本研究中我们未发现在 $(240\sim250\text{nm})/(300\sim320\text{nm})$ 处的另一个峰（峰 D），此峰也与类蛋白色氨酸样化合物有关。

在 DOM 样品功能区 A（S0）中有三个荧光峰，一个蛋白质峰肩（峰 B）和两种腐殖酸峰（峰 A 和峰 C）。经过生态混凝土护岸后，DOM 中这些峰的荧光强度在出水样品（S4）中的峰值荧光强度降低。在功能区 B 中，荧光峰的荧光强度也随着出水时间不断下降，与区域 A 相比两个蛋白质峰荧光值下降明显。蛋白质类物质在重金属和 DOM 之间的配合中起重要作用[43]，并且蛋白质样物质的减少可能是由于荧光淬灭。结果与之前的紫外可见光谱参数一致，表明生态混凝土护岸对

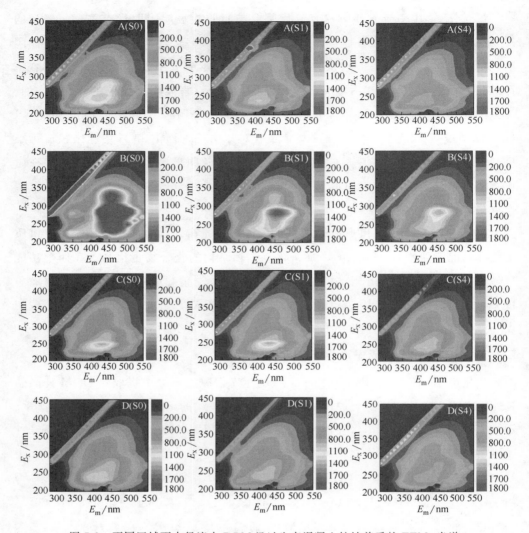

图 7-8　不同区域雨水径流中 DOM 经过生态混凝土护坡前后的 EEMs 光谱

蛋白质类物质具有较好的去除效果，腐殖酸也可以通过生态混凝土护岸得到削减净化。通过对 EEMs 光谱的研究，我们发现荧光发射光谱对于评估 DOM 中的类蛋白质和腐殖质变化情况作用明显。

从 EEMs 光谱可以获得 FI 荧光指数 $f_{450/500}$，通过表 7-4 可以发现，FI 值在功能区 B 和 D 略高于 A 和 C 区域，且更加接近 1.9，说明园林区和居民区的雨水径流 DOM 中的微生物来源要多于道路区和商业区，原因是前两个功能区的环境更加适宜微生物的活动。在通过生态混凝土驳岸后 FI 指数均略有下降，可能原因是生态混凝土对 DOM 的净化，使得微生物来源的 DOM 含量也随之下降[44,45]。

此外，EEMs 光谱还可以获得两个重要参数 HIX 和 BIX 以评估腐殖化程度和 DOM 的来源[22,23]。表 7-4 显示来自生态混凝土护岸的 DOM 样品具有低的 HIX 值，范围从 0.11~0.26，表明 DOM 来自非腐殖性有机质。在四个功能区中的出水样品 S1~S4 在所有区域中相对于进水样品 S0 显示出相对低的 HIX 值，表明通过径流雨水 DOM 在生态混凝土护岸中被去除了非腐殖质有机质。在本研究中，DOM 的 BIX 值范围为 0.72~0.98，前文中提到高于 1.00 的 BIX 值对应于新鲜产生的微生物来源的 DOM，而低于 0.60 的 BIX 值对应的 DOM 是非生物来源。本研究表明雨水径流 DOM 在生态混凝土护岸之前和之后不是新鲜产生的微生物来源，但也包含有生物来源的 DOM。

PARAFAC 分析提供了 EEMs 光谱额外的定量信息，在本研究中描述了径流雨水 DOM 样品中三种成分的分布。如图 7-9 所示，基于 EEMs 数据上的 PARAFAC，从四个功能区通过生态驳岸前后的径流雨水样品，成功分离出 DOM 的三个主要组分。组分 1 （C1） 的 EEMs 光谱特征分别以 $\lambda_{E_x}/\lambda_{E_m} = 265\text{nm}/$ （420~460nm） 处的峰为特征，被归类为传统的陆地腐殖质样 C 峰，其光谱特征与

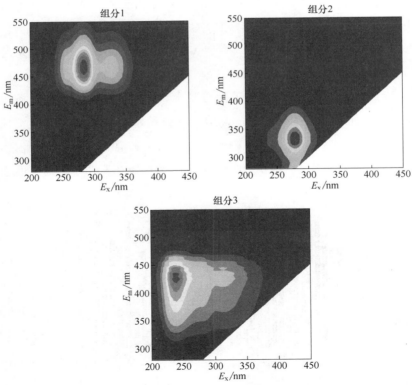

图 7-9 由 DOM Fluor-PARAFAC 模型识别的三种组分的荧光激发-发射矩阵

前人研究的陆地衍生的类腐殖质成分报道的相似[31-33]。组分 2（C2）主要的荧光峰在 $\lambda_{E_x}/\lambda_{E_m}$ 波长为（270～280nm)/(320～350nm）的区域，此荧光峰类似于先前研究中的传统峰 T1[28]，与蛋白质样和色氨酸样物质相关。组分 3（C3）由一个峰组成，其与由 Chen 等[13] 鉴定的表面水性 DOM 的疏水性级分 $\lambda_{E_x}/\lambda_{E_m}=$（230～245nm)/(400～430nm）相似，属于腐殖质，类似于荧光峰 A[29,30]。表 7-5 列出了 PARAFAC 分析提供的组分的详细信息。

表 7-5　三维荧光及平行因子所测定的荧光组分位置及与早期研究对照

单位：nm

组分	$\lambda_{E_x}/\lambda_{E_m}$	已知荧光峰位	DOM 类型	DOM 来源	文献研究对比
C1	260/460	峰 A： （230～260)/(380～460）	紫外光类腐殖酸	陆地源 和海洋源	250(310)/416[36] 325(260)/385[37]
C2	270/325	峰 T1： （270～280)/(300～330）	色氨酸	微生物源 和陆地源	275/320[46]
C3	230/425	峰 A： （230～260)/(380～460）	紫外光类腐殖酸	陆地源 和海洋源	250(310)/416[36]

图 7-10 所示为 DOM 样品中三种 PARAFAC 衍生组分的荧光 F_{max} 值和其在每个样品中的分布百分比。由图可知，组分 C3 是功能区 A 腐殖质物质的主要成分，其荧光值在进水和出水中均高于 C1 和 C2，在进水样品中 C3 占所有组分的57.14％，而在经过生态混凝土护岸后，组分 2 占比增加，而组分 1 占比从36.70％下降到 23.14％。说明在经过生态驳岸后 DOM 中的类蛋白物质增加而类腐殖酸减少。其他地区表现出同样的趋势：径流雨水在经过生态混凝土护岸处理后，所有三种组分的 F_{max} 值均呈下降趋势，表明生态混凝土驳岸对径流污染中的DOM 有净化作用。结果与之前的 3D-EEMs 分析中腐殖质成分的减少的结果相结

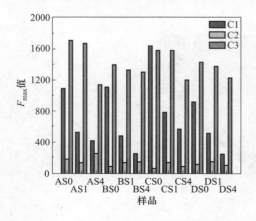
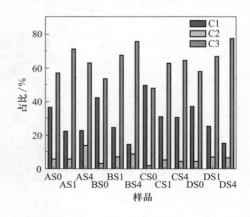

图 7-10　DOM 样品中三种 PARAFAC 组分的 F_{max} 值和分布

合，表明腐殖质成分 C1 和 C3 的减少可能与生态混凝土护岸微生物活动有关，因此呈下降趋势。同时，还证明了生态混凝土的土层具有较强的去除高分子量和芳香陆生有机质的能力。然而，观察到对组分 2 的去除非常轻微，可能是由于生态驳岸带中生态混凝土的多空结构利于微生物的生存，导致雨水径流冲刷可能有类蛋白质的溶出。该结果与紫外可见光谱的 $SUVA_{254}$ 指标以及 EEMs 分析的结果一致，蛋白质样和色氨酸样化合物在生态混凝土护岸中显示出相对低的去除效率。生态混凝土类型的变化可能通过改变污染物吸收和转化时间来进一步提高 DOM 的去除效率。

7.4 不同功能区溶解性有机质与重金属的相互作用机理

7.4.1 光谱学分析

7.4.1.1 三维荧光光谱

本书选择典型道路功能区，北三环蓟门桥路面样品与 Cu^{2+}、Pb^{2+}、Zn^{2+} 进行荧光淬灭滴定实验，对径流雨水中 DOM 与重金属铜离子之间配合机制进行分析研究。因为在实验前，径流雨水中本底的重金属已经与 DOM 达到平衡，因此，添加重金属不会产生与 DOM 的协同作用从而对实验结果造成影响。通过三维荧光光谱与荧光淬灭滴定实验相结合，可以在图 7-11～图 7-13 中清晰地看到径流雨水中富里酸荧光峰 A 和类蛋白荧光峰 B 与不同重金属离子 Cu^{2+}、Pb^{2+}、Zn^{2+} 的结合能力以及重金属离子不同浓度梯度对 DOM 的影响。实验结果显示，随着重金属不同浓度梯度的升高，DOM 的各峰强度表现为不同程度的降低。峰 A、峰 B 分别代表腐殖酸、类蛋白物质，未加入 Cu^{2+} 时，峰 A、峰 B 的荧光强度分别为 4035au、3038au，而在加入 200μmol/L 后，峰 A、峰 B 的荧光强度为 2843au、1274au，淬灭率分别为 29%、58%，说明重金属 Cu^{2+} 与类蛋白发生淬灭反应程度大于腐殖酸淬灭程度，且占绝对主导地位，原因可能是 Cu^{2+} 与峰 B 比峰 A 含有更多的结合位点。而对于金属 Pb^{2+} 来说，Pb^{2+} 与峰 A 和峰 B 的淬灭率分别为 23%、36%，表明重金属 Pb^{2+} 与类蛋白物质结合能力强于富里酸类物质，正好与 Cu^{2+} 结论一致；而加入 Zn^{2+}，峰 A、峰 B 的荧光淬灭率分别 19%、9%，与 Pb^{2+} 反应不同，锌离子与 DOM 的类蛋白组分结合能力要弱于腐殖酸组分，且与腐殖酸的淬灭程度很小，说明锌离子与腐殖酸淬灭不起主导作用，在加入 160μmol/L、200μmol/L 后，荧光强

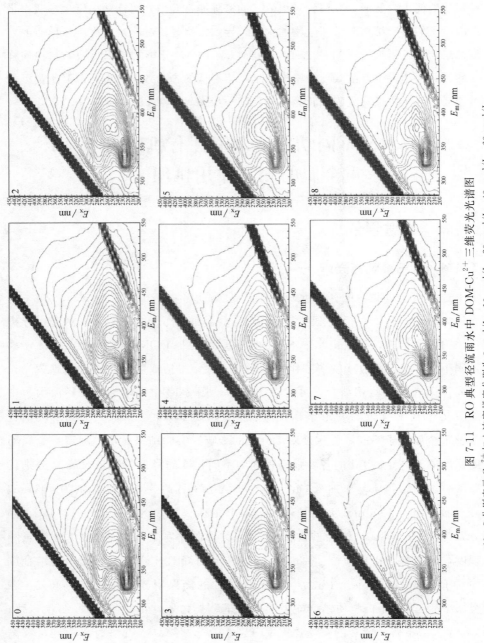

图 7-11　RO 典型径流雨水中 DOM-Cu^{2+} 三维荧光光谱图

(0~8 分别表示 Cu^{2+} 加入浓度梯度分别为 0μmol/L、10μmol/L、20μmol/L、40μmol/L、60μmol/L、90μmol/L、120μmol/L、160μmol/L、200μmol/L)

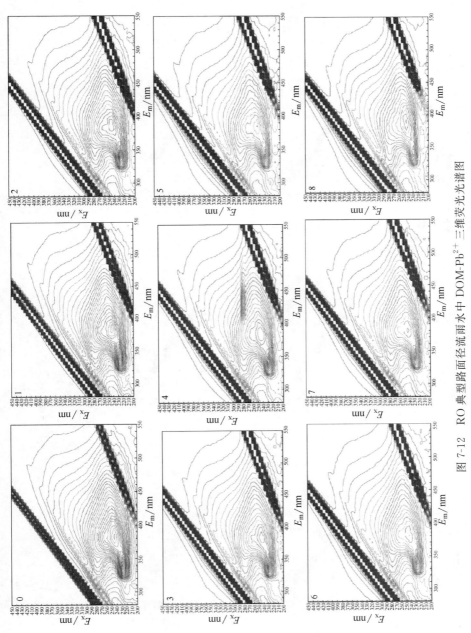

图 7-12 RO 典型路面径流雨水中 DOM-Pb²⁺ 三维荧光光谱图

（0~8 分别表示 Pb²⁺ 加入浓度梯度分别为 0μmol/L、10μmol/L、20μmol/L、40μmol/L、60μmol/L、90μmol/L、120μmol/L、160μmol/L、200μmol/L）

7 不同功能区对城市径流中溶解性有机质与重金属相互作用机制的影响

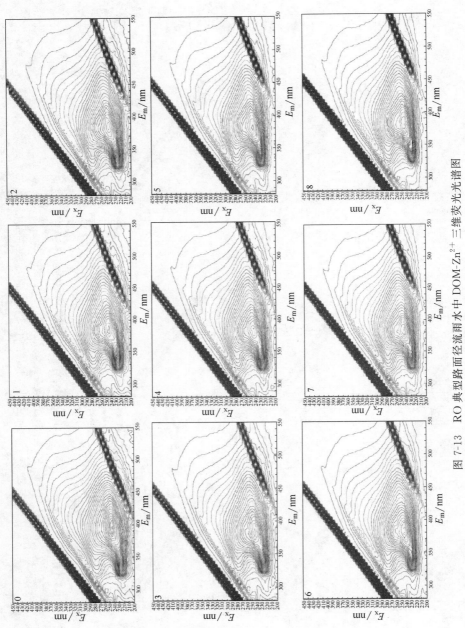

图 7-13 RO 典型路面径流雨水中 DOM-Zn²⁺ 三维荧光光谱图

（0~8 分别表示 Zn²⁺ 加入浓度梯度分别为 0μmol/L、10μmol/L、20μmol/L、40μmol/L、60μmol/L、90μmol/L、120μmol/L、160μmol/L、200μmol/L）

度减少逐渐缓慢，其原因可能是 DOM 与重金属配合反应趋于稳态。

三种重金属离子与 DOM 各组分的荧光淬灭程度说明不同重金属与 DOM 结合机理、结合位点分布、结合程度大小存在差异。

7.4.1.2 紫外可见光谱

通常情况下，紫外可见光谱在波长 190～250nm 范围内，且主要以—COOH、—OH、C=O 等[47]，随着波长的增加出现峰值，峰值过后，随着波长减小吸光强度也迅速降低；当波长在 250～700nm 范围内是随着波长增加而表现为吸光度逐渐降低并无限接近 x 轴[48]。

图 7-14～图 7-16 为北京市区夏季五种不同功能区道路地表径流雨水与重金属 Cu^{2+}、Pb^{2+}、Zn^{2+} 相互作用的紫外-可见全波长扫描图，因为 DOM 中含有大量复杂的不饱和化学键和芳香类物质，全波长紫外光扫描分析技术可以用来研究 DOM 中不同官能团的特性。从图 7-14～图 7-16 中可以看出，本书结果与先前学者研究类似，只是不同功能区径流雨水紫外吸光度大小不一样，可见不同功能区因为在城市中扮演的角色不同，所含 DOM 会因为其用地性质、人为活动情况不同出现不同类型的官能团而导致有机质种类的差异性，例如道路区域会以石油燃烧产生的汽车尾气、沥青路面与汽车轮胎磨损等产生的大量多环芳烃（PAHs）为主，还有来自燃油及化石燃料燃烧的多氯联苯（PCBs）[49]。

本书研究的重金属与 DOM 的反应表明两者发生了复杂的相互作用，因为功能区不同而导致其所含主要有机质不同，所以与重金属反应后的大小峰值也不相同，但仍基本符合 DOM 紫外吸光度随着 Cu^{2+}、Pb^{2+}、Zn^{2+} 三种重金属离子浓度升高而升高的规律。但是不同重金属与各功能区路面径流雨水反应差异较大，同时紫外吸收值较高，这可能与北京所处的地理位置有关：太阳辐射较弱、紫外线弱、径流雨水中有机质光解速度较慢，导致有机质中存在大量发光基团。

有机质紫外吸收受到内因（分析结构）和外因（体系所处环境）两类因素的影响，一般来说，分子结构对紫外吸光度的影响中，共轭体系、跨环效应、电荷转移、空间位阻和助色团是影响有机分子紫外吸收主要的内部因素，DOM 中含有的芳环或杂环分子具有长的共轭键、多个发色团产生共轭效应、两个非共轭发色团电子轨道相互作用、电子由配位体移向金属等多种内部作用和 pH 变化、温度变化、共存溶剂等外部作用共同作用导致了体系紫外吸收增加[50]。

北京市 5 个不同功能区与 3 种重金属反应出现的紫外特征峰均位于 195～205nm 之间。各功能区与 Cu^{2+} 反应中，RO、CA 紫外吸光度随重金属浓度梯度增

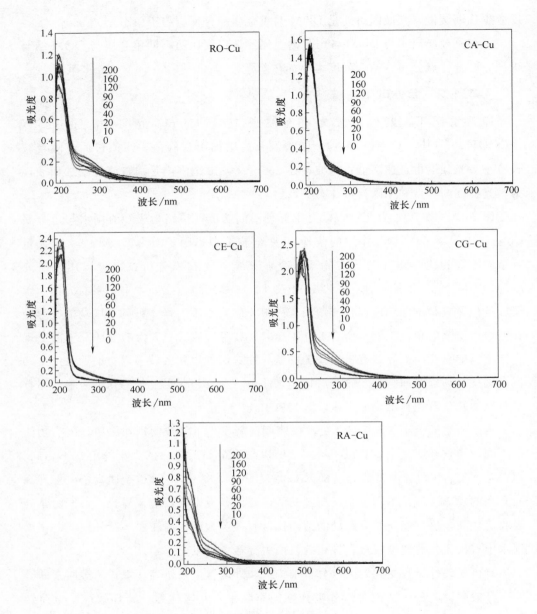

图 7-14　不同功能区道路雨水与 Cu^{2+} 配合 UV-Vis 图谱

加而显著增加，CE、CG 增速较慢，而 CA 只有微弱的增加；与 Pb^{2+} 反应中，RO、CA、RA 吸光度增加显著，CE 次之，CG 增速较缓；与 Zn^{2+} 反应中，RO、CA、RA 增速最快，CE、CG 较缓。可以发现不同的功能区 DOM 组成存在差异，且与不同的重金属配合后，紫外曲线变化趋势差异较大。

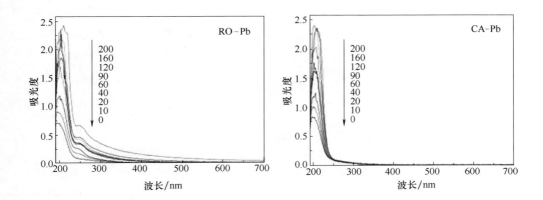

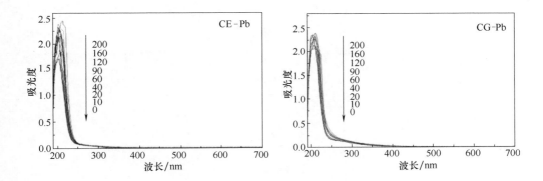

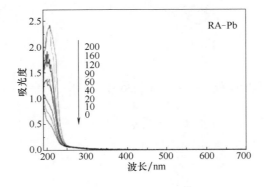

图 7-15 不同功能区道路雨水与 Pb^{2+} 配合 UV-Vis 图谱

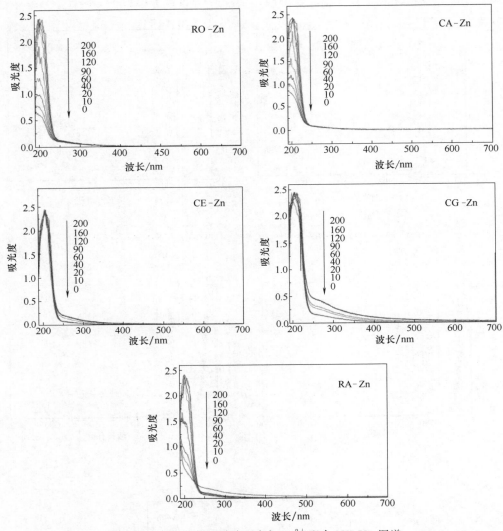

图 7-16　不同功能区道路雨水与 Zn^{2+} 配合 UV-Vis 图谱

7.4.2　统计学分析——平行因子分析

地表径流中有机质与不同重金属的配合作用可以通过三维荧光光谱结合平行因子分析，无损地分离出各个组分和相对含量[51]。如图 7-17 所示，分离出来的 6 个组分与先前研究的对比情况。组分 1 有一个荧光峰，激发/发射波长为 260nm/390nm，被称为峰 A，被定义为紫外类腐殖酸荧光峰，来源于陆源腐殖酸类物质；组分 2 含有两个荧光峰，对应两个激发波长和一个发射波长，激发波长一个位于230nm，另一个位于 310nm，发射波长均为 400nm，同样为类腐殖酸类物质，只是

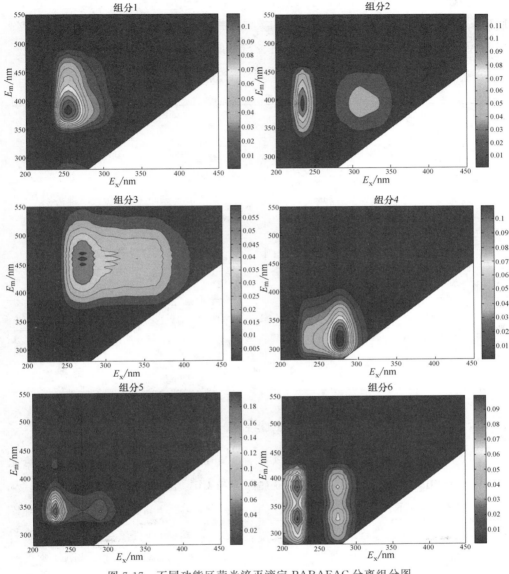

图 7-17　不同功能区荧光淬灭滴定 PARAFAC 分离组分图

其中第二个峰为峰 M；组分 3 位于激发/发射波长 260nm/460nm，与组分 1 类似；组分 4 含有一个激发/发射波长位于 280nm/330nm 的荧光峰，被称为峰 T1，据前人研究，该组分是与微生物活动有关的类色氨酸组分；组分 5 激发/发射波长为 230nm/280nm(340nm)，该组分同组分 4 一样，也是与水中微生物活动有关的类色氨酸组分，组分 4 与组分 5 均来源于原生沉积物或水体；组分 6 的激发波长为 230nm/270nm，发射波长为 330nm/380nm，先前研究发现该组分为紫外类腐殖酸与类色氨酸结合。PARAFAC 将径流雨水中有机质分离成两大类物质，分别为类腐殖酸物质 C1、C2、C3、C6 一部分和类蛋白物质 C4、C5、C6 另一部分。EEMs-PARAFAC 所得淬灭滴定荧光组分位置及与早期研究对比列于表 7-6 中。

表 7-6　EEMs-PARAFAC 所得淬灭滴定荧光组分位置及与早期研究对比

单位：nm

项目	不同组分	传统荧光峰位置	描述	来源	与文献对比
	E_x/E_m	E_x/E_m	荧光类型		
C1	260/390	峰 A：(230～260)/(380～460)	紫外类腐殖酸	陆源和海洋源	C1：<250(310)/416[52] C6：325(<260)/385[53]
C2	230(310)/400	峰 A：(230～260)/(380～460) 峰 M：(290～310)/(370～420)	类腐殖酸	陆源和海洋源	P1：310/414[54]
C3	260/460	峰 A：(230～260)/(380～460)	紫外类腐殖酸	陆源和海洋源	P8：<260(355)/434[54]
C4	280/330	峰 T1：(220～230)(275)/(320～350)	类色氨酸	原生沉积物或水体	C7：280/344[55]
C5	230(280)/340	峰 T1：(220～230)(275)/(320～350)	类色氨酸	原生沉积物或水体	C1：<250(310)/416[52] C6：325(<260)/385[53]
C6	230(270)/330(380)	峰 A：(230～260)/(380～460) 峰 T2：(270～280)/(320～350)	紫外类腐殖酸与类色氨酸结合	陆源和海洋源	C4

7.4.3　溶解性有机质各组分与重金属相互作用机理分析

EEMs 与 PARAFAC 结合得出 5 类功能区样品的各组分与 3 类重金属的荧光淬灭实验曲线如图 7-18 所示。6 个组分都能够与 Cu^{2+} 发生配合荧光淬灭机制，从图中可以看出：CE、CA、RA、RO 中 Cu^{2+} 与 C1、C2、C3、C6 类腐殖酸组分淬灭程度较大，均值分别为 49.75%、44.43%、65.95%、41.76%，而与 C4、C5 类蛋白组分淬灭程度较小，分别为 35.21%、26.74%。部分蛋白类物质与 Cu^{2+} 不能在 1:1 的配合模型下模拟出 $\lg K$ 值，说明道路区域、商业区、居民区中主要类腐殖酸物质与 Cu^{2+} 发生荧光淬灭反应。所有功能区中 CG 荧光强度均处于较低水平，均低于 1300au，且随着 Cu^{2+} 的加入，发生淬灭反应，但淬灭率除了 C6 组分较低，仅为 10.36% 外，与腐殖酸、类蛋白质类淬灭率均值为 52.93%、50.35%，可能是 C6 因为腐殖酸与类色氨酸结合生成新的未知组分，对 Cu^{2+} 淬灭效果较差，还可以说明古典园林区中所含有机质荧光强度较低，可能是微生物已将有机质分解。相对于 Cu^{2+} 来说，Pb^{2+} 也都可以与 6 种组分反正淬灭反应，但是淬灭程度相比 Cu^{2+}

较小，Pb^{2+} 与类蛋白 C4、C5 的淬灭率普遍大于与其他组分，说明 Pb^{2+} 主要与径流雨水中类蛋白物质发生反应。而 Zn^{2+} 与所有功能区的 C1、C2、C3 只发生极其微弱的淬灭反应，与 C4、C5、C6 发生较强的淬灭反应，说明 Zn^{2+} 能与径流雨水中的类蛋白物质发生荧光淬灭作用，与腐殖酸类物质反应极为微弱，但规律不是很明显。极个别组分在重金属浓度增加时存在荧光强度增加，随后随着金属浓度进一步增加，荧光强度又开始减弱，这可能与加入的重金属离子会使原本隐藏的荧光基团显现出来，但随着重金属浓度继续增加，显现出来的荧光基团再次被重金属淬灭。有机质与重金属的结合位点主要分布在羧基、氨基、酯和酮等上，不同结合位点亲和能力有较大的差别，其中酚类物质为强配位点，而羧基为弱配位点；当金属浓度较低时，重金属会优先与强配位点结合，随着重金属浓度加大，强配位点接近饱和，重金属会与弱配位点结合，导致重金属与组分之间的淬灭反应作用减弱。同种重金属在与不同组分的 DOM 反应时存在较大差异，表明径流雨水中有机质的异质性，而不同重金属与同种组分的 DOM 也有较大的区别，也反映了径流雨水中有机质的不均匀性。

为了更加深入地研究 DOM 不同组分与 Cu^{2+}、Pb^{2+}、Zn^{2+} 结合能力的差异，本书通过结合非线性拟合模型与 PARAFAC 分离出来的结果来研究 DOM 的 6 种组分与重金属的淬灭程度（见表 7-7）。6 种组分与 Cu^{2+} 的配合稳定常数 lgK 范围分别为 2.01～3.09、0.12～3.45、0.12～2.26、1.56～3.71、3.09～4.71、1.73～3.36，均值分别为 2.81、1.78、1.17、2.68、3.90、2.57，根据 lgK 的大小，可以判断出铜离子与蛋白类物质（C4、C5）的配合能力要强于腐殖酸类物质（C1、C2、C3、C6），一般情况下，有机质与金属配合点位有强弱之分，还与配位基数量多少有关，强位点包含酚羟基、含氮和含硫基团，包含这类基团越多，lgK 值越大，蛋白类物质中含有较多含氮基团，所有与蛋白类组分配合能力越强[56]。与 Pb^{2+} 的配合常数也呈现相同的规律，即与蛋白类物质配合能力强于腐殖酸类物质，但是总体配合能力要小于 Cu^{2+}，说明 Cu^{2+} 较之 Pb^{2+} 更容易被 DOM 各组分配合[57,58]。

而 Zn^{2+} 则可以在 Ryan-Weber 模型中与类腐殖酸组分模拟出较好的 lgK。6 种组分与 Zn^{2+} 的配合稳定常数分别为 3.02、3.29、3.32、2.09、2.60、1.37，与组分中腐殖酸类物质含量成正比。类蛋白物质可能与 Zn^{2+} 的配合效果不如类腐殖酸物质，同时，Zn^{2+} 与 C6 的配合稳定常数小于与 C4、C5 的值，这可能与 Zn^{2+} 和类蛋白荧光峰 T1 的配合能力较好有关，而与类蛋白荧光峰 T2 较差无关。

通过比较 3 种重金属与 6 种不同的组分之间相互配合稳定常数，lgK 存在显著差异，这是因为 lgK 值会因为有机质组分的来源、种类、结构不同和重金属不同

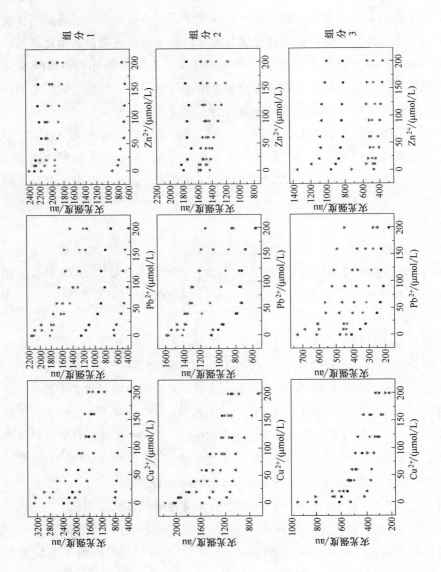

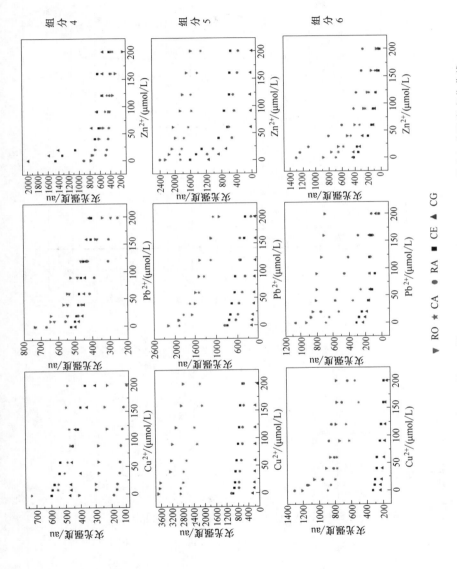

图 7-18　Cu^{2+}、Pb^{2+}、Zn^{2+} 加入不同功能区后 PARAFAC 荧光组分强度变化曲线

▼ RO ★ CA ● RA ■ CE ▲ CG

表 7-7 经 Ryan-Weber 模型拟合的 Cu^{2+}、Pb^{2+}、Zn^{2+} 与 DOM 中不同荧光峰的配合稳定常数 lgK 及淬灭率 f

项目		C1 f/%	C1 lgK	C2 f/%	C2 lgK	C3 f/%	C3 lgK	C4 f/%	C4 lgK	C5 f/%	C5 lgK	C6 f/%	C6 lgK
Cu^{2+}	CE	8.96	3.09	3.62	3.45	26.38	—	31.89	3.33	32.76	3.90	26.63	—
	RA	47.52	3.05	38.54	0.12	58.82	0.12	35.23	3.71	41.03	4.71	51.01	1.73
	CG	53.97	3.09	45.12	2.69	59.41	2.26	36.76	—	63.94	—	10.36	3.36
	CA	50.37	2.01	47.32	0.93	65.36	1.05	33.51	2.12	25.27	—	38.81	—
	RO	51.37	2.80	47.44	1.69	73.66	1.25	36.91	1.56	13.91	3.09	35.46	2.62
	EMC	42.44	2.81	36.41	1.78	56.73	1.17	34.86	2.68	35.38	3.90	32.45	2.57
Pb^{2+}	CE	43.55	1.87	47.19	1.98	55.61	2.19	22.34	3.73	60.93	3.52	93.74	2.56
	RA	47.03	0.56	47.24	0.42	42.13	0.77	54.22	3.20	81.68	1.45	89.68	1.85
	CG	41.18	3.44	47.93	2.36	65.91	1.19	13.71	3.89	50.41	3.34	75.35	3.66
	CA	29.84	1.86	31.75	2.61	34.49	3.19	53.55	0.79	43.94	3.80	98.13	1.32
	RO	31.61	1.95	17.17	1.99	11.25	3.69	59.92	0.50	57.31	0.87	13.43	—
	EMC	38.64	1.94	38.26	1.87	41.88	2.21	40.75	2.42	58.85	2.87	74.07	2.35
Zn^{2+}	CE	46.48	3.95	52.43	3.67	62.07	3.27	50.92	3.85	66.25	3.44	97.55	1.72
	RA	16.18	3.55	25.37	—	43.27	2.97	45.97	3.04	85.51	1.97	85.89	1.35
	CG	30.94	3.31	39.17	3.59	50.56	3.44	72.58	1.92	100	1.85	91.42	1.08
	CA	7.05	1.20	7.05	—	4.84	3.82	55.02	1.10	29.21	3.26	94.16	1.58
	RO	8.83	3.10	29.49	2.62	24.98	3.09	79.65	0.52	11.01	3.82	93.13	1.12
	EMC	21.90	3.02	30.70	3.29	37.14	3.32	60.83	2.09	58.40	2.60	92.43	1.37

而表现出差异性。C4、C5 是类蛋白组分，C6 包含类蛋白和腐殖酸组分，通过分析类蛋白物质 C4、C5 与 3 种重金属配合常数发现，重金属 Cu^{2+}＞Pb^{2+}＞Zn^{2+}，可能是 Cu^{2+} 与径流雨水中有机质中类蛋白组分的亲和力比 Pb^{2+}、Zn^{2+} 高，而 C6 与 C4、C5 呈现相同的规律，有可能是 C6 中类蛋白部分占据主导地位。腐殖酸组分 C1 与三种重金属配合常数呈现 Zn^{2+}＞Cu^{2+}＞Pb^{2+} 的规律，与 C2、C3 呈现 Zn^{2+}＞Pb^{2+}＞Cu^{2+}，可能与三种腐殖酸来源相关。

通过对径流雨水中有机质与 3 种重金属进行荧光淬灭滴定实验，结合 PARAFAC 分析方法，可以更清晰地反映不同荧光组分与不同的重金属之间的配合优先顺序、结合机理。

7.4.4　重金属对不同功能区溶解性有机质干扰分析

二维相关光谱已经广泛应用于研究如 pH、温度、添加的重金属浓度等外部变化而引起的光谱动态特征的变化二者之间的关系[59]。

而本研究是以重金属浓度梯度作为外界变化扰动条件下，在不同浓度下 DOM 不同组分与添加外来重金属浓度梯度之间的关系。选择典型文教区样本作为研究对象，研究 Cu^{2+}、Pb^{2+}、Zn^{2+} 三种不同重金属之间的差异。

通常来说，二维同步图谱的特点是以对角线呈对称分布，且包含两个分别位于对角线和反对角线上的自发峰和交叉峰。通过二维相关光谱处理获得结果如图 7-19 左所示。从图中可以发现 Cu^{2+}、Pb^{2+}、Zn^{2+} 均在 290nm 附近出现了自发峰，文教区径流雨水样品与 Cu^{2+} 反应的自发峰的范围为 259～388nm，与 Pb^{2+} 反应的自发峰在 260～400nm 范围内，而与 Zn^{2+} 反应的自发峰的范围在 256～376nm。这个结果可以表明径流雨水样品更容易被 Cu^{2+}、Pb^{2+} 影响，对二者敏感性高于 Zn^{2+}。结果与先前学者通过二维相关光谱研究 Cu^{2+}、Pb^{2+} 与腐殖酸相互作用机制的结果一致，出现了一个荧光峰，且在 280～300nm 附近出现的荧光峰是因为重金属与类蛋白物质配合淬灭引起的[60,61]。

异步光谱可以用来分析重金属与 DOM 配合的位点的先后顺序及具体位点的波长[62]。本书异步光谱通过对两束光谱强度的不同步性，来研究 DOM 与重金属 Cu^{2+}、Pb^{2+}、Zn^{2+} 配合机制的异构性。图 7-19 右为二维相关光谱异步光谱图，重金属 Cu^{2+} 有 3 个峰，其中一个正峰，位于 290nm 处，两个负峰，分别位于 350nm、476nm 处，三者峰值大小顺序为 290nm＞350nm＞476nm；对于 Pb^{2+} 来说，也有 3 个峰，一个正峰位于 273nm 处，两个负峰位于 310nm、340nm 处，三者峰值大小顺序为 273nm＞310nm＞340nm；而对于 Zn^{2+} 来说，只含有两个峰，

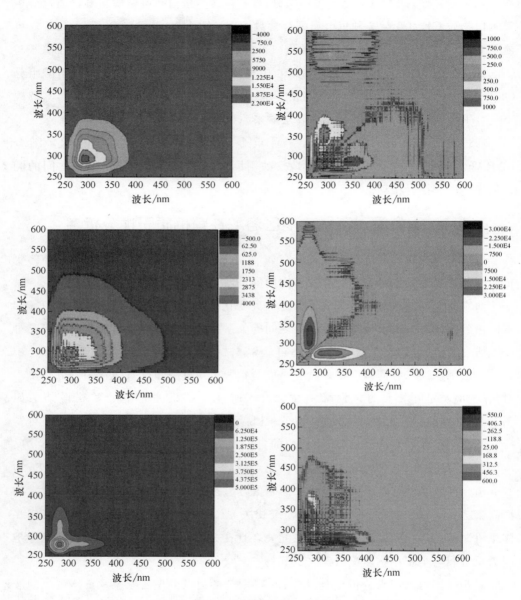

图 7-19　添加 Cu^{2+}、Pb^{2+}、Zn^{2+} 二维同步、异步光谱图

一个正峰位于 277nm，一个负峰位于 325nm，两者大小顺序为 325nm ＞ 277nm。上述峰值大小代表重金属与 DOM 的优先配合顺序[63]。

　　对于重金属 Cu^{2+} 来说，270nm 波长附近光谱带优先于 350nm，再优先于 476nm 处光谱，290nm 附近通常为类蛋白组分，350nm、476nm 分别代表腐殖酸类物质，这结果同时也证明了 Cu^{2+} 优先与径流雨水中类蛋白组分配合，且与类蛋白物质的配合能力大于腐殖酸类物质；对于重金属 Pb^{2+} 来说，位于 273nm 附近光谱带先发生配合作用，随后再与 310nm、340nm 处的光谱带反应，同样 310nm 附近通常代表类蛋白物质，340nm 附近代表腐殖酸类物质，表明 Pb^{2+} 与 Cu^{2+} 一样，与类蛋白物质的配合能力大于腐殖酸类物质，与之前淬灭滴定实验研究结果一致；对重金属 Zn^{2+} 来说，其先后顺序为 325nm 优先于 277nm，表示 Zn^{2+} 与腐殖酸配合能力大于类蛋白质。异步光谱结合非线性拟合模型可以更进一步探究配合位点的优先顺序。如表 7-8 所示，Cu^{2+} 的 3 个配合位点的 lgK 值大小顺序为 290nm＞350nm＞476nm；Pb^{2+} 的 3 个配合位点的 lgK 值大小顺序为 273nm＞310nm＞340nm；Zn^{2+} 的配合位点的 lgK 值大小顺序为 325nm＞277nm。表明与重金属的配合能力与各位点配合顺序呈正相关性。其具体原因是重金属会优先与强的配合位点进行反应，当强位点接近饱和后，才会与弱的配合位点反应。结果表明，Cu^{2+}、Pb^{2+} 会先与位于 270～300nm 附近类蛋白光谱带反应，而 Zn^{2+} 会先与位于 330nm 附近的腐殖酸光谱带反应[64,65]。

表 7-8　Ryan-Weber 模型拟合地表径流中 DOM 与 Cu^{2+}、Pb^{2+}、Zn^{2+} 稳定常数

项　目	波长/nm	lgK	R^2
Cu^{2+}	290	3.77	0.95
	350	3.04	0.93
	476	3.01	0.79
Pb^{2+}	273	2.89	0.71
	310	2.05	0.93
	340	1.19	0.75
Zn^{2+}	277	3.46	0.96
	325	3.57	0.94

7.5　同一功能区不同下垫面径流雨水与重金属的相互作用

为了研究同一功能区不同下垫面的径流雨水中 DOM 与重金属的结合机制，选取具有代表性的校园功能区：某大学校区路面、屋顶、草地的径流雨水进行研究。将三种不同下垫面径流雨水样品提取获得 DOM 三维荧光光谱进行荧光淬灭滴定实验，再经过 PARAFAC 分析。

7.5.1 不同下垫面溶解性有机质平行因子荧光组分特征分析

径流雨水 DOM 样品主要分解为 C1、C2、C3、C4、C5、C6，结果如图 7-20 所示。与上文对照，可以得到平行因子将样品分为两大类，其中包含紫外类腐殖酸物质：位于 260nm、380nm 处的组分 C1；位于 230nm、380nm 处的组分 C3；位于 270nm、460nm 处的 C4，在其他文献中，均表现为荧光峰峰 A 的性质；类蛋白类物质：位于 230nm、330nm 和 280nm、330nm 的组分 C2；位于 230nm、340nm

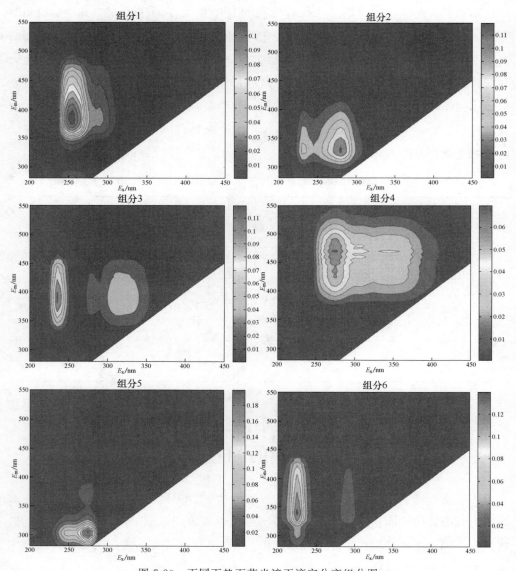

图 7-20 不同下垫面荧光淬灭滴定分离组分图

的组分 C6，表现为峰 T1 的类色氨酸性质；位于 270nm、300nm 处的组分 C5，代表类蛋白峰 B。

平行因子分析可以定量地分析不同下垫面的各荧光组分。图 7-21 分别为文教区径流雨水提取的 DOM 的 6 个荧光组分含量情况图和百分比占比图。从图 7-21 （a）可以明显看出，类腐殖酸组分 C1、C3、C4 的荧光强度在路面、草地下垫面均大于屋顶下垫面，也能是因为学校屋顶均为硬质材料，会受到大气沉降的影响，但相对于路面，车流量及人为活动影响较小，且硬质材料也不会为微生物提供必要的生长条件。而从图 7-21 （b）可以看出，所有路面下垫面腐殖酸类荧光物质 C1、C3、C4 之和为 63.08%，可以得出路面径流有机质污染主要以腐殖酸类污染为主，可能是因为机动车及人为活动带来的污染物较多；而草地下垫面类蛋白物质 C2、C5、C6 之和为 54.68%，可以得出草地径流雨水有机质污染主要以类蛋白物质为主，可能是因为草地微生物活动较为旺盛，植物分解产生类蛋白物质较多。

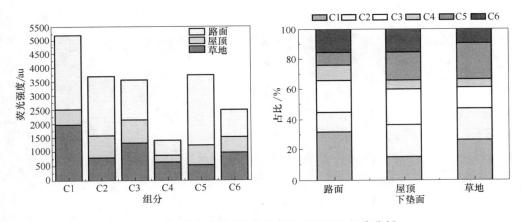

图 7-21   不同下垫面径流雨水 PARAFAC 组分分析

7.5.2   不同下垫面径流雨水中溶解性有机质与重金属荧光淬灭曲线

Cu^{2+}、Pb^{2+}、Zn^{2+} 与径流雨水中 DOM 不同组分的荧光淬灭曲线如图 7-22 所示。Cu^{2+} 可以与 3 类下垫面的 6 个组分均发生不同程度的淬灭反应，但与路面、草地中 DOM 结合能力较强，与屋顶 DOM 结合能力较弱。而对于 Pb^{2+} 来说，与路面、草地腐殖酸类物质 C1、C3、C4 存在较强的结合，同样与屋顶 DOM 结合作用较弱。与三种下垫面 DOM 中类蛋白物质结合能力均不明显，甚至出现部分荧光强度随着重金属浓度的增加而反增；对于 Zn^{2+} 而言，与三种下垫面 DOM 中腐殖

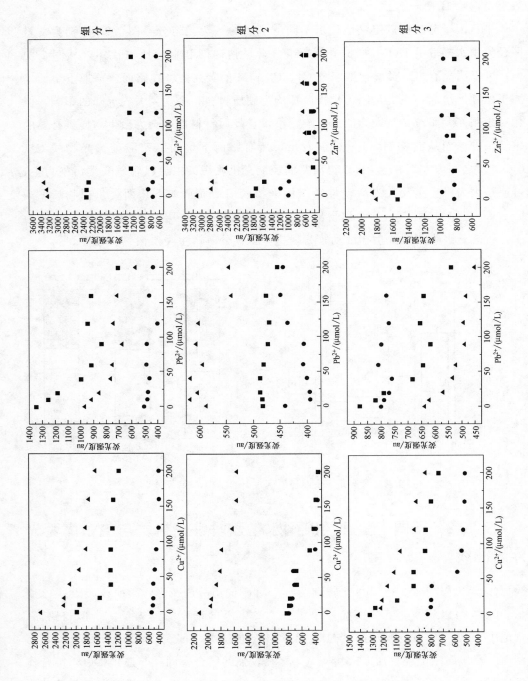

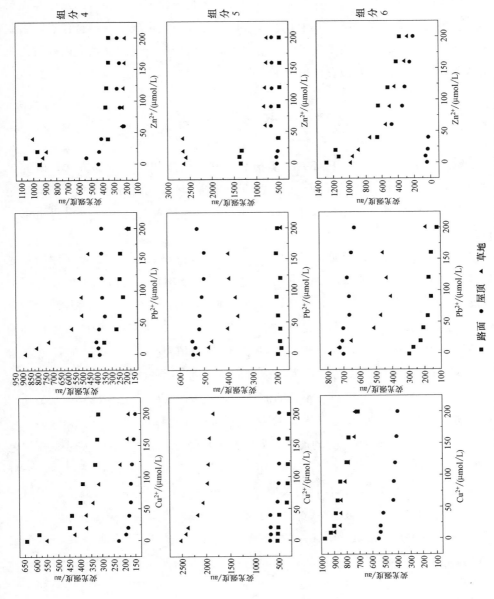

图 7-22 Cu^{2+}、Pb^{2+}、Zn^{2+} 加入不同下垫面径流 PARAFAC 荧光组分强度变化曲线

■ 路面 ● 屋顶 ▲ 草地

7 不同功能区对城市径流中溶解性有机质与重金属相互作用机制的影响

酸物质不存在明显结合作用，但与路面、草地 DOM 中类蛋白物质 C2、C5、C6 在加入 60μmol/L 时出现骤降，而后接近平缓的趋势。各组分除了添加 Cu^{2+} 后出现明显的荧光强度降低现象，Pb^{2+}、Zn^{2+} 两种重金属与 Cu^{2+} 存在明显差异，部分还表现出无明显规律的现象。这些差异可能有以下几个原因：①径流雨水中存在污染物质、各类离子极为复杂，其中 Ca^{2+}、Mg^{2+} 可能与重金属争夺结合位点，引起荧光强度不稳定；②荧光强度先下降后增加可能是由于配合与瑞丽散射两种作用机制相结合而使荧光基团先激发而后淬灭。

7.6 本 章 小 结

本章通过 EEMs 光谱、PARAFAC 分析方法、二维相关分析等方法，研究了北京市不同功能区地表径流中 DOM 通过 LID 设施处理后光谱特性变化、不同下垫面径流雨水中重金属污染情况及 DOM 与 3 种重金属的配合机制，可以得出以下结论。

① UV-Vis 光谱参数表明在开始时在 190～200nm 波长段，A、B 区域的吸光度增加，在 190～230nm 波长段，C、D 区域的吸光度增加，之后随着波长的增加吸光度逐渐降低。在植草沟处理前后，富里酸在来自四个不同功能区的样品中均处在优势位置。低分子量物质和不饱和碳键结构更容易被 G2 植草沟中的微生物利用或被植物根系吸收于土壤层过滤。EEMs 显示通过植草沟 G1 和 G2 的径流雨水 DOM 总共有四种不同的荧光团作为峰或肩存在。第一峰（峰 A）的特征在 $\lambda_{E_x}/\lambda_{E_m}=(260～270nm)/(450～465nm)$ 的波长对，在波长 $\lambda_{E_x}/\lambda_{E_m}=(380～405nm)/(450～480nm)$ 附近发现第二峰（峰 C）并且与腐殖质样酸有关。在 $\lambda_{E_x}/\lambda_{E_m}=(220～230nm)/(320～340nm)$ 的波长处发现第三峰（峰 B）。先前已报道该峰与色氨酸类化合物有关。位于 $\lambda_{E_x}/\lambda_{E_m}=(240～250nm)/(300～320nm)$ 处的另一个峰（峰 D）也可能与色氨酸类化合物有关。在经过植草沟后，一部分小分子的蛋白质物质会被植物根系吸收或被微生物分解利用，腐殖酸类物质会有溶出现象。

② 通过 DOM Fluor-PARAFAC 模型鉴定在 $\lambda_{E_x}/\lambda_{E_m}$ 处具有特征峰的三个组分 C1：$\lambda_{E_x}/\lambda_{E_m}=(230～245nm)/(400～430nm)$，$\lambda_{E_x}/\lambda_{E_m}=(300～350nm)/(400～430nm)$；C2：$\lambda_{E_x}/\lambda_{E_m}=230nm/(300～330nm)$ 和 C3：$\lambda_{E_x}/\lambda_{E_m}=265nm/460nm$，380nm/460nm。结果表明，在不同的进水水样中主要的蛋白质样和腐殖质样荧光成分在植草沟处理期间显示出 DOM 改变了组成：腐殖质组分增加，表明植物、微生物和土壤产生类似腐殖质的物质的流出物。蛋白类和色氨酸样化合物在

植草沟 G1 中显示出相对高的去除效率。说明植草沟倾斜类型的变化可以通过改变吸收和转化时间来进一步提高 DOM 的去除效率。通过主成分分析可以看出：雨水径流中 DOM 组分的变化随着功能区和植草沟处理后变化较大。交通和人类活动与蛋白质样物质之间的相关性更高。

③ 在生态混凝土护岸处理之前，UV-Vis 参数表明雨水径流 DOM 相对较高的腐殖质和芳香性，并且这些参数在生态混凝土驳岸处理后降低。在生态混凝土护岸处理之前和之后，富里酸在来自四个不同功能区的样品中均占优势地位。B 和 D 功能区属于微生物和植物较多的区域，DOM 分子的脂肪链的比例处于主导地位，且容易被生态混凝土驳岸带所吸收去除。土壤层过滤增加了 DOM 样品中极性官能团的含量且道路径流 DOM 在路边区域中包含更少的极性官能团。

④ 本研究中 EEMs 荧光显示径流 DOM 中总共有三种不同的荧光团作为峰或肩存在：第一个峰（峰 A）的特征在于 $\lambda_{E_x}/\lambda_{E_m} = (250\sim270\text{nm})/(450\sim465\text{nm})$ 的 E_x/E_m 波长对。第二个峰（峰 C）为接近波长 $\lambda_{E_x}/\lambda_{E_m} = (380\sim405\text{nm})/(50\sim480\text{nm})$ 的肩峰。在波长 $\lambda_{E_x}/\lambda_{E_m}$ 为 $(220\sim230\text{nm})/(320\sim340\text{nm})$ 可以发现第三峰（峰 B）的肩峰。通过对 EEMs 光谱的研究，我们发现荧光发射光谱对于评估 DOM 中的类蛋白质和腐殖质变化情况作用明显。

⑤ 基于 PARAFAC 对 EEMs 数据的分析，生态混凝土护岸处理前后四个功能区的径流雨水 DOM 被成功分解为三个主要组成部分：$\lambda_{E_x}/\lambda_{E_m}$ 为 265nm/（420\sim460nm）、（270\sim280nm）/（320\sim350nm）和（230\sim245nm）/（400\sim430nm）处的特征峰的三种组分 C1、C2 和 C3。在生态混凝土护岸处理期间，DOM 改变了组成：腐殖质成分减少，表明生态混凝土护岸吸收了腐殖质类物质的污水，蛋白质样和色氨酸样化合物在生态混凝土护岸中显示出相对低的去除效率。研究结果还表明，尽管生态混凝土护岸处理暴雨径流样品前后的荧光特征不同，但所有荧光 EEMs 均可通过 PARAFAC 分析成功分解为具体数量的分量模型。

⑥ 北京市地表径流中重金属污染严重，发现浓度在同一功能区符合路面＞屋顶＞草地的规律，只有 Cu^{2+}、Zn^{2+} 在部分功能区中，屋顶＞路面＞草地。径流雨水中重金属污染程度与机动车流量、人类生产生活存在主要关系，不同下垫面还与屋顶材质有关。

⑦ PARAFAC 将获得的样品都分解成 6 个不同的组分，不同功能区的径流雨水包含 3 个腐殖酸组分（C1、C2、C3）、2 个蛋白质组分（C4、C5），其中 C6 为腐殖酸与类蛋白结合组分；3 种下垫面的径流雨水包含 3 个腐殖酸组分（C1、C3、C4）、3 个类蛋白组分（C2、C5、C6）。

⑧ 通过淬灭滴定实验，三维荧光分析可以发现 Cu^{2+}、Pb^{2+} 与类蛋白物质荧光强度淬灭率强于腐殖酸，而 Zn^{2+} 则表现为相反的规律。

⑨ 紫外-可见光分析可以发现，基本符合 DOM 紫外吸光度随着 Cu^{2+}、Pb^{2+}、Zn^{2+} 三种重金属离子浓度升高而升高的规律，但因功能区不同导致的车流量、人类活动等的差异，会出现紫外吸光度大小不同。

⑩ 通过二维相关光谱分析，同步光谱可以发现径流雨水中 DOM 对 Cu^{2+}、Pb^{2+} 的敏感性要强于 Zn^{2+}；异步光谱可以发现 lgK 值大小与金属结合顺序成正比，Cu^{2+}、Pb^{2+} 会先与位于 $270 \sim 300nm$ 附近类蛋白光谱带反应，而 Zn^{2+} 会先与位于 $330nm$ 附近的腐殖酸光谱带反应。

⑪ 文教区的不同下垫面中，路面主要以腐殖酸有机质污染为主，而草地主要以类蛋白有机质污染为主，Cu^{2+} 与 3 类下垫面的 6 个组分均发生不同程度的淬灭反应；Pb^{2+} 与路面、草地腐殖酸类物质存在较强的结合，与屋顶 DOM 结合作用较弱；Zn^{2+} 与 3 类下垫面各组分规律并不明显。

参 考 文 献

[1] 石安邦. 城市地表颗粒物重金属污染特性研究 [D]. 北京：北京建筑大学，2015.

[2] 解建光，李贺，石俊青. 路面雨水径流重金属赋存状态研究 [J]. 东南大学学报（自然科学版），2010，40（5）：1019-1024.

[3] Charters F J, Cochrane T A, O'Sullivan A D. Untreated runoff quality from roof and road surfaces in a low intensity rainfall climate [J]. Science of the Total Environment，2016，550：265.

[4] Banerjee A D. Heavy metal levels and solid phase speciation in street dusts of Delhi, India [J]. Environmental Pollution, 2003, 123 (1)：95-105.

[5] 袁宏林，郑鹏，李星宇，等. 西安市不同下垫面路面径流雨水中重金属的四季污染特征 [J]. 生态环境学报，2014，7：1170-1174.

[6] 施国飞. 昆明市城市住宅小区径流雨水水质特性及资源化利用研究 [D]. 昆明：昆明理工大学，2013.

[7] 于姗姗. 校园雨水径流污染特征及利用研究 [D]. 北京：北京交通大学，2010.

[8] Chen X, Xia X, Wu S, et al. Mercury in urban soils with various types of land use in Beijing, China [J]. Environ Pollut, 2010, 158 (1)：48-54.

[9] Chen X, Xia X, Zhao Y, et al. Heavy metal concentrations in roadside soils and correlation with urban traffic in Beijing, China [J]. J Hazard Mater, 2010, 181 (1-3)：640-646.

[10] Xi B D, He X S, Wei Z M, et al. Effect of inoculation methods on the composting efficiency of municipal solid wastes [J]. Chemosphere, 2012, 88 (6)：744-750.

[11] Midorikawa T，Tanoue E. Molecular masses and chromophoric properties of dissolved organic ligands for copper（Ⅱ）in oceanic water [J]. Marine Chemistry, 1998, 62 (3-4)：219-239.

[12] Chin Y P, Aiken G R, Danielsen K M. Binding of pyrene to aquatic and commercial humic substances：

The role of molecular weight and aromaticity [J]. Environmental Science & Technology, 1997, 31 (6): 1630-1635.

[13] Chen W, Westerhoff P, Leenheer J A, et al. Fluorescence excitation-emission matrix regional integration to quantify spectra for dissolved organic matter [J]. Environmental Science & Technology, 2003, 37 (24): 5701-5710.

[14] Shao Z H, He P J, Zhang D Q, et al. Characterization of water-extractable organic matter during the biostabilization of municipal solid waste [J]. J Hazard Mater, 2009, 164 (2-3): 1191-1197.

[15] Nishijima W, Speitel G E Jr. Fate of biodegradable dissolved organic carbon produced by ozonation on biological activated carbon [J]. Chemosphere, 2004, 56 (2): 113-119.

[16] He W, Lee J H, Hur J. Anthropogenic signature of sediment organic matter probed by UV-Visible and fluorescence spectroscopy and the association with heavy metal enrichment [J]. Chemosphere, 2016, 150: 184-193.

[17] Morán Vieyra F E, Palazzi V I, Sanchez De Pinto M I, et al. Combined UV-Vis absorbance and fluorescence properties of extracted humic substances-like for characterization of composting evolution of domestic solid wastes [J]. Geoderma, 2009, 151 (3-4): 61-67.

[18] Knoth De Zarruk K, Scholer G, Dudal Y. Fluorescence fingerprints and Cu^{2+}-complexing ability of individual molecular size fractions in soil-and waste-borne DOM [J]. Chemosphere, 2007, 69 (4): 540-548.

[19] Hassouna M, Massiani C, Dudal Y, et al. Changes in water extractable organic matter (WEOM) in a calcareous soil under field conditions with time and soil depth [J]. Geoderma, 2010, 155 (1-2): 75-85.

[20] Coble P G. Marine optical biogeochemistry: The chemistry of ocean color [J]. Chem Rev, 2007, 107 (2): 402-418.

[21] Yuan D H, Guo X J, Wen L, et al. Detection of Copper (Ⅱ) and Cadmium (Ⅱ) binding to dissolved organic matter from macrophyte decomposition by fluorescence excitation-emission matrix spectra combined with parallel factor analysis [J]. Environ Pollut, 2015, 204: 152-160.

[22] Birdwell J E, Engel A S. Characterization of dissolved organic matter in cave and spring waters using UV-Vis absorbance and fluorescence spectroscopy [J]. Organic Geochemistry, 2010, 41 (3): 270-280.

[23] Huguet A, Vacher L, Relexans S, et al. Properties of fluorescent dissolved organic matter in the Gironde Estuary [J]. Organic Geochemistry, 2009, 40 (6): 706-719.

[24] Hunt J F, Ohno T. Characterization of fresh and decomposed dissolved organic matter using excitation-emission matrix fluorescence spectroscopy and multiway analysis [J]. J Agric Food Chem, 2007, 55 (6): 2121-2128.

[25] Li Q, Guo X, Chen L, et al. Investigating the spectral characteristic and humification degree of dissolved organic matter in saline-alkali soil using spectroscopic techniques [J]. Frontiers of Earth Science, 2017, 11 (1): 76-84.

［26］ Yang L, Hong H, Guo W, et al. Absorption and fluorescence of dissolved organic matter in submarine hydrothermal vents off NE Taiwan ［J］. Marine Chemistry, 2012, 128-129: 64-71.

［27］ Chen W, Westerhoff P, Leenheer J A, et al. Fluorescence excitation-emission matrix regional integration to quantify spectra for dissolved organic matter ［J］. Environmental Science & Technology, 2003, 37 (24): 5701-5710.

［28］ Coble P G. Characterization of marine and terrestrial DOM in seawater using excitation-emission matrix spectroscopy ［J］. Marine Chemistry, 1996, 51 (4): 325-346.

［29］ Holbrook R D, Yen J H, Grizzard T J. Characterizing natural organic material from the Occoquan Watershed (Northern Virginia, US) using fluorescence spectroscopy and PARAFAC ［J］. Sci Total Environ, 2006, 361 (1-3): 249-266.

［30］ Kowalczuk P, Durako M J, Young H, et al. Characterization of dissolved organic matter fluorescence in the South Atlantic Bight with use of PARAFAC model: Interannual variability ［J］. Marine Chemistry, 2009, 113 (3-4): 182-196.

［31］ Guéguen C, Granskog M A, McCullough G, et al. Characterisation of colored dissolved organic matter in Hudson Bay and Hudson Strait using parallel factor analysis ［J］. Journal of Marine Systems, 2011, 88 (3): 423-433.

［32］ Murphy K R, Stedmon C A, Waite T D, et al. Distinguishing between terrestrial and autochthonous organic matter sources in marine environments using fluorescence spectroscopy ［J］. Marine Chemistry, 2008, 108 (1-2): 40-58.

［33］ Williams C J, Yamashita Y, Wilson H F, et al. Unraveling the role of land use and microbial activity in shaping dissolved organic matter characteristics in stream ecosystems ［J］. Limnology and Oceanography, 2010, 55 (3): 1159-1171.

［34］ Henderson R K, Baker A, Murphy K R, et al. Fluorescence as a potential monitoring tool for recycled water systems: A review ［J］. Water Res, 2009, 43 (4): 863-881.

［35］ Zhu G, Yin J, Zhang P, et al. DOM removal by flocculation process: Fluorescence excitation-emission matrix spectroscopy (EEMs) characterization ［J］. Desalination, 2014, 346: 38-45.

［36］ Williams C J, Yamashita Y, Wilson H F, et al. Unraveling the role of land use and microbial activity in shaping dissolved organic matter characteristics in stream ecosystems ［J］. Limnology & Oceanography, 2010, 55 (3): 1159-1171.

［37］ Yamashita Y, Jaffé R. Characterizing the interactions between trace metals and dissolved organic matter using excitation-emission matrix and parallel factor analysis ［J］. Environmental Science & Technology, 2008, 42 (19): 7374-7379.

［38］ Wu J, Zhang H, Yao Q S, et al. Toward understanding the role of individual fluorescent components in DOM-metal binding ［J］. J Hazard Mater, 2012, 215-216: 294-301.

［39］ Guo X J, He L S, Li Q, et al. Investigating the spatial variability of dissolved organic matter quantity and composition in Lake Wuliangsuhai ［J］. Ecological Engineering, 2014, 62: 93-101.

［40］ Chin Y P, Aiken G R, Danielsen K M. Binding of pyrene to aquatic and commercial humic substances:

海绵城市有机质输移环境效应

The role of molecular weight and aromaticity [J]. Environmental Science & Technology, 1997, 31 (6): 1630-1635.

[41] He W, Lee J H, Hur J. Anthropogenic signature of sediment organic matter probed by UV-Visible and fluorescence spectroscopy and the association with heavy metal enrichment [J]. Chemosphere, 2016, 150: 184-193.

[42] Hassouna M, Massiani C, Dudal Y, et al. Changes in water extractable organic matter (WEOM) in a calcareous soil under field conditions with time and soil depth [J]. Geoderma, 2010, 155 (1-2): 75-85.

[43] Yuan D H, Guo X J, Wen L, et al. Detection of Copper (Ⅱ) and Cadmium (Ⅱ) binding to dissolved organic matter from macrophyte decomposition by fluorescence excitation-emission matrix spectra combined with parallel factor analysis [J]. Environ Pollut, 2015, 204: 152-160.

[44] Shutova Y, Baker A, Bridgeman J, et al. Spectroscopic characterisation of dissolved organic matter changes in drinking water treatment: From PARAFAC analysis to online monitoring wavelengths [J]. Water Res, 2014, 54: 159-169.

[45] Ferretto N, Tedetti M, Guigue C, et al. Identification and quantification of known polycyclic aromatic hydrocarbons and pesticides in complex mixtures using fluorescence excitation-emission matrices and parallel factor analysis [J]. Chemosphere, 2014, 107: 344-353.

[46] Coble P G, Del Castillo C E, Avril B. Distribution and optical properties of CDOM in the Arabian Sea during the 1995 Southwest Monsoon [J]. Deep Sea Research Part Ⅱ: Topical Studies in Oceanography, 1998, 45 (10-11): 2195-2223.

[47] Midorikawa T, Tanoue E. Molecular masses and chromophoric properties of dissolved organic ligands for copper (ⅱ) in oceanic water [J]. Marine Chemistry, 1998, 62 (3): 219-239.

[48] Wu F C, Liu C Q, Li W, et al. Ultraviolet absorbance titration for determining stability constants of humic substances with Cu^{2+} (ⅱ) and Hg(ⅱ) [J]. Analytica Chimica Acta, 2008, 616 (1): 115-121.

[49] Dong T T, Lee B K. Characteristics, toxicity, and source apportionment of polycylic aromatic hydrocarbons (PAHS) in road dust of Ulsan, Korea [J]. Chemosphere, 2009, 74 (9): 1245-1253.

[50] 吴丰昌. 天然有机质及其与污染物的相互作用 [M]. 北京: 科学出版社, 2010.

[51] Hunt J F, Ohno T. Characterization of fresh and decomposed dissolved organic matter using excitation-emission matrix fluorescence spectroscopy and multiway analysis [J]. Journal of Agricultural and Food Chemistry, 2007, 55 (6): 2121-2128.

[52] Williams C J, Yamashita Y, Wilson H F, et al. Unraveling the role of land use and microbial activity in shaping dissolved organic matter characteristics in stream ecosystems [J]. Limnology & Oceanography, 2010, 55 (3): 1159-1171.

[53] Yamashita Y, Jaffé R. Characterizing the interactions between trace metals and dissolved organic matter using excitation-emission matrix and parallel factor analysis [J]. Environmental Science & Technology, 2008, 42 (19): 7374-7379.

[54] Murphy K R, Stedmon C A, Waite T D, et al. Distinguishing between terrestrial and autochthonous

organic matter sources in marine environments using fluorescence spectroscopy [J]. Marine Chemistry，2008，108 (1-2)：40-58.

[55] Stedmon C A，Markager S. Resolving the variability in dissolved organic matter fluorescence in a temperate estuary and its catchment using parafac analysis [J]. Limnology & Oceanography，2005，50 (2)：686-697.

[56] Croué J P，Benedetti M F，Violleau D，et al. Characterization and copper binding of humic and nonhumic organic matter isolated from the south platte river：Evidence for the presence of nitrogenous binding site [J]. Environmental Science & Technology，2003，37 (2)：328-336.

[57] Gerbig C A，Kim C S，Stegemeier J P，et al. Formation of nanocolloidal metacinnabar in mercury-DOM-sulfide systems [J]. Environmental Science & Technology，2011，45 (21)：9180-9187.

[58] Li T，Di Z，Yang X，et al. Effects of dissolved organic matter from the rhizosphere of the hyperaccumulator sedum alfredii on sorption of zinc and cadmium by different soils [J]. Journal of Hazardous Materials，2011，192 (3)：1616-1622.

[59] Jin H，Lee B M. Characterization of binding site heterogeneity for copper within dissolved organic matter fractions using two-dimensional correlation fluorescence spectroscopy [J]. Chemosphere，2011，83 (11)：1603-1611.

[60] Nakashima K，Xing S，Gong Y，et al. Characterization of humic acids by two-dimensional correlation fluorescence spectroscopy [J]. Journal of Molecular Structure，2008，883-884 (1)：155-159.

[61] Wang T，Xiang B R，Li Y，et al. Studies on the binding of a carditionic agent to human serum albumin by two-dimensional correlation fluorescence spectroscopy and molecular modeling [J]. Journal of Molecular Structure，2009，921 (1-3)：188-198.

[62] Miller M P，McKnight D M. Comparison of seasonal changes in fluorescent dissolved organic matter among aquatic lake and stream sites in the green lakes valley [J]. Journal of Geophysical Research Biogeosciences，2010，115 (115)：91-103.

[63] Xu H，Yu G，Yang L，et al. Combination of two-dimensional correlation spectroscopy and parallel factor analysis to characterize the binding of heavy metals with dom in lake sediments [J]. Journal of Hazardous Materials，2013，263：412-421.

[64] 崔骏. 新型多介质生态护坡技术研制及其对水中典型污染物的影响 [D]. 北京：北京建筑大学，2015.

[65] 闻丽. 白洋淀植物腐解 DOM 特性及其与重金属相互作用的研究 [D]. 北京：北京化工大学，2014.

8 植草沟对城市径流中溶解性有机质与新型污染物相互作用机制的影响

随着人口数量的不断增长伴随而来的是不透水路面的扩张，这直接导致了道路径流中污染物含量的增加。近年来，由于具有经济和生态环境保护上的优势并且可以减少非点源污染的影响，低影响开发（LID）技术已经被广泛应用实施。植草沟（GS）作为 LID 典型技术之一，通常用于处理道路径流污染以改善城市水质。溶解性有机质（DOM）是在水环境中发现的具有不同分子量和结构的溶解性非均相混合物。DOM 自身含有多种不同类型的有机官能团，可与典型 PPCPs 卡马西平（Carbamazepine，CBZ）相互作用，增加 CBZ 在水环境中的迁移转化使其具有更大的环境污染风险。

为了研究 CBZ 与 DOM 在 GS 处理过程中的配合作用，首先采用紫外可见光谱和 EEMs-PARAFAC 分析了 DOM 的结构、组成及来源的变化。接着使用荧光淬灭滴定、SF 光谱结合 2D-COS 和相关性分析评估了 CBZ 与 DOM 之间可能的配合机制。本研究可以更好地了解 DOM 在流经 GS 前后自身形态结构的变化特征及其与 CBZ 配合对环境的影响。

8.1 植草沟与新型污染物模拟试验装置设计

植草沟位于北京西城区。街道长 1.1km，宽 22m。在该区域已经具有了许多 LID 设施，如生物滞留池等。本书研究的 GS 部分的长度为 12.0m，并分成三个相等的部分。从道路到进水采样点，直线长为 3.4m，可以充分地收集道路径流。本研究中的 GS 可以将 100m 长的街道的道路径流汇集在一起并处理研究来自道路的径流雨水。如图 8-1 所示，从进水取样点到出水点三个监测点水平分布（监测点在

4m、8m 和 12m）。道路径流样品全部来自同一条街。将用于研究的道路径流雨水的所有样品均匀混合并保持在 4℃储存在预先准备的清洁聚乙烯桶中。试验于 2017 年 8 月进行。在水样中添加重金属离子（Cu^{2+}、Cd^{2+}、Pb^{2+} 和 Zn^{2+}）和 CBZ 并观察流经 GS 前后样品中 HMs 和 CBZ 的含量变化。添加的重金属 Cu^{2+}、Cd^{2+}、Pb^{2+}、Zn^{2+} 和 CBZ 浓度分别为 17.58mg/L、13.76mg/L、14.29mg/L、13.36mg/L 和 19.34μg/L。从道路径流的进水点收集初始样品，在 GS 中的径流雨水流动稳定后从三个出水点收集出水样品，然后将所有收集的水样品都用 0.45μm 膜过滤，并保持在 4℃储存于棕色玻璃瓶中用于以后的荧光分析。同时，过滤完剩余的水样测试 TSS、COD、TN、TP、重金属（Cu^{2+}、Cd^{2+}、Pb^{2+} 和 Zn^{2+}）和 PPCPs（CBZ）的浓度，分析 GS 对径流雨水的净化性能。在滴定实验之前使用 H 离子交换树脂除去样品中游离的重金属离子，以防止重金属与 DOM 之间产生配合反应影响到 CBZ 与 DOM 配合。为了使测量数据更加准确，四个采样点采集到的样品测量的数据全部取平均值。使用 TOC 分析仪（Multi N/C 2100，Analytik Jena）测量样品的总有机碳（TOC）浓度。使用重铬酸盐法测量 COD。使用 HJ 535—2009 测定 TP，GB 11893—89 测定 TN。使用电感耦合等离子体质谱（ICP-MS）（Nex-ION 300 ICP-MS，Perkin Elmer，USA）测量重金属离子，CBZ 使用 HPLC 装置测量（Agilent1260），支柱使用 Waters Acquity UPLC BEH C18（1.7μm，2.1mm&100mm）。

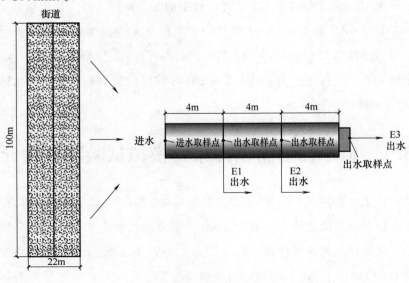

图 8-1　植草沟的采样位置

8.2 GS 的水质净化效果

表 8-1 GS 处理过程中 9 个水质参数的浓度变化

样品	TSS	COD	TN	TP	Cu^{2+}	Zn^{2+}	Pb^{2+}	Cd^{2+}	CBZ
	mg/L				μg/L				
I1	211.56	117.36	2.79	1.12	17.58	13.76	14.29	13.34	19.34
E1	160.84	86.91	1.99	0.88	11.63	10.74	13.73	11.46	14.31
E2	79.38	67.55	1.25	0.39	10.25	8.33	10.17	9.81	11.45
E3	20.12	58.78	0.61	0.16	8.15	7.35	7.81	8.26	7.02

表 8-1 列出了 9 个水质参数的浓度变化。结果表明，9 个水质参数的去除率从 I1 到 E3 逐渐增大。TSS、COD、TN、TP、Cu^{2+}、Zn^{2+}、Pb^{2+} 和 Cd^{2+} 的去除率分别达到 90.5%、49.9%、78.1%、85.7%、53.6%、46.6%、45.3% 和 38.1%。以前的研究已经报道了这些水质参数在 GS 系统中的净化效果[1]。与先前的研究相比，GS 在这项研究中表现出对这些水质指标更好的去除效率，这表明 GS 系统对这些常规污染物具有更稳定的去除效果。因为很难观察到 CBZ 在低浓度下的去除效果，所以本研究中加入的 CBZ 浓度为 19.34μg/L，CBZ 在径流雨水中初始浓度造成的影响可以忽略不计。E1、E2 和 E3 的 CBZ 去除率分别为 26.0%、40.8% 和 63.7%。CBZ 的去除机理可能主要取决于吸附和水力停留时间，本试验中 CBZ 的浓度和土壤类型也可能影响去除效率。尽管 GS 对 CBZ 具有相对良好的去除效果，但 DOM 与 CBZ 的配合可能会影响水质，也影响 CBZ 在水环境中的迁移转化与生物毒性[2]。因此，应进一步研究流经 GS 前后径流雨水 DOM 的性质变化及其与 CBZ 的结合对环境的影响。

8.3 径流雨水中溶解性有机质的光学特征分析

TOC 代表径流雨水中溶解性和悬浮的有机碳的总量。TOC 值越大，有机污染越严重。如表 8-2 所示，进水 I1 中的 TOC 值最高，出水 E1、出水 E2 和出水 E3 的 TOC 值呈现持续减少的趋势，表明在流过 GS 之后水质得到改善。此外，光谱参数可以用来详细阐明进水和出水中 DOM 的物理化学特征。SUVA$_{254}$ 代表平均吸光度，已经被广泛应用于评估 DOM 的芳香性[3]。A_{253}/A_{203} 是测定 253nm 和 203nm 处吸光度的比率，用来判断 DOM 的腐殖化程度[4]。进水与出水的 DOM 样品的光谱参数表现出相似的特征，经过 GS 处理后，出水样品的 $SUVA_{254}$ 和 A_{253}/A_{203} 值呈现出增加的趋势，E3 出水 DOM 具有最高的芳香性、腐殖化程度。结果表明，经 GS 处理后，DOM 的芳香性和腐殖化程度逐渐增加这可能是由于径流雨水中的类蛋白质类 DOM 更容易被土壤层中的微生物和植物根系吸收或降解，导致 DOM 样品中含有更多的不饱和碳键并具有更高的芳香性和腐殖化程度。由于 DOM 与疏水性有机污染物之间的配合作用受 DOM 芳香性、腐殖化程度和不饱和碳键的影响，因此，在 GS 处理径流雨水期间 DOM 的 $SUVA_{254}$ 和 A_{253}/A_{203} 值的变化可能会影响 DOM-CBZ 的结合能力而对 CBZ 在水环境中的迁移转化造成影响。在 240nm 和 400nm 之间的 UV-Vis 吸收光谱受到许多极性官能团（包括羰基、羧基、羟基和酯基）存在的显著影响。在经过 GS 处理后 $A_{240\sim400}$ 值逐渐增加，表明经过表面土壤颗粒过滤、植物根系吸收和土壤微生物作用后，从出水中采集的 DOM 样品芳环结构中的极性官能团含量要高于进水的 DOM 样品。这些结果与前面得到的 $SUVA_{254}$ 和 A_{253}/A_{203} 值的结果一致。

表 8-2　DOM 的光谱特征（选择样本点的平均值）

样品	$SUVA_{254}$	A_{253}/A_{203}	$A_{240\sim400}$	TOC
I1	0.34	1.78	24.81	177.34
E1	0.41	1.99	26.12	107.12
E2	0.56	2.01	29.96	85.32
E3	0.71	2.57	35.77	54.58

8.4　径流雨水中溶解性有机质的 EEMs-PARAFAC 分析

在径流雨水 DOM 中，可以确定五种荧光组分（C1～C5），包括一种类蛋白质类物质（组分 5）、一种类富里酸类物质（组分 2）和三种类腐殖质类物质（组分 1、组分 3 和组分 4）（图 8-2）。组分 1（C1）在 E_x/E_m 波长为 390nm/450nm 处显示一个主要荧光峰，在 E_x/E_m 波长为 255nm/450nm 处显示出一个次级荧光峰。组分 3（C3）在 E_x/E_m 波长为 235nm/440nm 处显示出一个荧光峰。组分 4（C4）在激发波长为 260nm、发射波长为 470nm 处显示出一个荧光峰。这三种组分都被归类于传统的陆地类腐殖质荧光峰 C[5]，来源于具有高芳香烃和分子量的有机化合物。

与组分 C1、C3 和 C4 相比，组分 2（C2）可以观察到明显的蓝移。组分 2

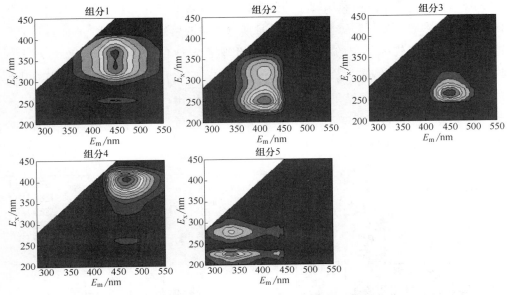

图 8-2　通过 PARAFAC 模型识别的 DOM 的荧光组分

（C2）［激发/发射（E_x/E_m）波长＝250nm（325nm）/415nm］属于富里酸类物质，类似于传统的陆地富里酸类荧光峰 A[5]。较短波长的荧光信号与较简单的分子结构通常和较低的芳香度相关。因此，组分 C2 具有较低的芳香度和化学稳定性。

与组分 C2 相比，组分 5（C5）观察到蓝移。C5 在 E_x/E_m 波长为 225nm/295nm 处显示出一个主要的荧光峰，在 E_x/E_m 波长为 275nm/295nm 处显示出一个次要的荧光峰，因此它被归类为原生类酪氨酸类物质[6]。

PARAFAC 分析还可以提供许多关于 DOM 额外的定量信息，图 8-3 显示出 DOM 在流经 GS 前后五个组分的分布情况。在径流雨水进水 DOM 中 C5 占据了最大的百分比，为 32.95％。当污染增加时，由微生物产生的蛋白质样物质通常会增加，这表明早期径流雨水中含有大量污染物。在径流雨水通过 GS 的第一部分的植物层和基质层后，C5 仍然是 E1 出水 DOM 中的主要物质（41.77％），这可能是由于植物层和基质层中蛋白质样物质的溶出导致的。随着 GS 处理时间的增加，由于 GS 的吸附和保留作用，类蛋白质类物质从 E1 出水到 E2 出水明显减少，类腐殖质类物质（C1）成为 E2 出水 DOM 的主要成分（32.21％）。在这个阶段 GS 对于类蛋白质类物质的去除比对类腐殖酸类物质的去除作用更加明显，说明 GS 的土壤层对类蛋白质类物质具有较为强烈的去除效果，这可能导致类腐殖酸类物质的百分比增加。与 E2 出水 DOM 不同，类腐殖质类物质 C4 成为 E3 出水 DOM 中的主要组分（36.29％）。表明类腐殖质物质的荧光特征从较短的波长变到较长的波长。较短波长的荧光物质与分子异质性、低分子量和较简单的腐殖化结构相关，而较长波长的荧光物质代表较为复杂的结构和较高的化学稳定性[7]。因此，与 E2 出水中的DOM 相比，E3 出水 DOM 的芳香族缩聚性和化学稳定性持续增加。该结果与通过UV-Vis 光谱参数获得的结果一致。与进水 DOM 相比，出水 DOM 各组分的荧光强度均显著下降，表明 GS 吸附了不同来源的类蛋白质类、类富里酸类和类腐殖质类物质，这可能会影响 DOM 与 CBZ 的配合。

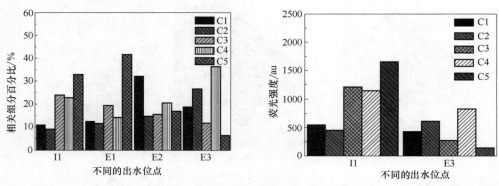

图 8-3　植草沟处理径流雨水过程中五种 PARAFAC 组分分布的变化（未添加 CBZ）

8.5　径流雨水中溶解性有机质与卡马西平配合的光谱学分析

8.5.1　紫外-可见光光谱分析

在 200～500nm 的紫外波长范围内测定滴定过程中道路径流雨水进水和出水的紫外-可见吸收光谱，以研究道路径流雨水 DOM 样品自身的结构变化（图 8-4）。一般而言，紫外吸收会对 DOM 分子结构产生影响，内部效应有共轭作用、交叉环效应、电荷转移等，外部效应有 pH 变化、温度变化和溶剂的变化，这些变化会增加 DOM 对紫外线的吸收。随着 CBZ 的不断加入，DOM 吸收强度和形态结构逐渐变化，表明 DOM 的微环境由于 CBZ 的存在并且通过 DOM 和 CBZ 之间的配合作用而被改变。

8.5.2　同步光谱分析

SF 光谱可以体现出 CBZ 与 DOM 之间的配合作用。如图 8-5 所示，GS 道路雨

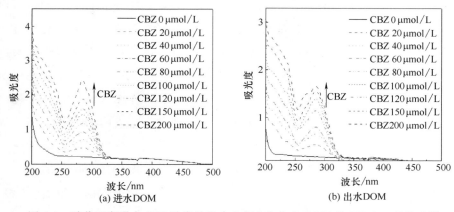

图 8-4　随着逐渐增大 CBZ 浓度的进水 DOM 和出水 DOM 的 UV-Vis 吸收光谱

水径流进水和出水 DOM 样品的 SF 光谱在 260～315nm 之间的波长处显示出荧光峰 A，荧光峰 A 代表了与芳香类氨基酸（例如色氨酸和氨基酸）相关的类蛋白质物质（PLF），酪氨酸和其他含氮物质可以不受疏水/亲水性质的影响均匀地分布在DOM 中；荧光峰 B 的范围为 315～355nm，荧光峰 B 与微生物类腐殖质荧光（MHLF）化合物有关；类腐殖质荧光（HLF）峰 C 的组分存在于 355～500nm 的范围内。道路径流雨水在流经 GS 后，荧光峰 A、B 和 C 均显著下降，分别从470.8～178.3au、816.9～184.4au 和 986.1～331.1au，表明在道路径流雨水出水DOM 中的 MHLF、FLF 和 HLF 物质被大量截留或通过 GS 处理而得到降解。但无论是在哪个出水中，HLF 仍然占路径流雨水出水 DOM 中的主要成分。此外，PLF 峰的肩部的波长延伸至 303nm。这个结果表明芳香族氨基酸与拥有较高分子量的类蛋白质类物质相关。

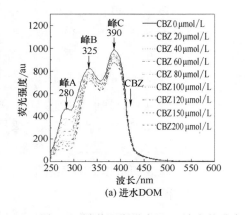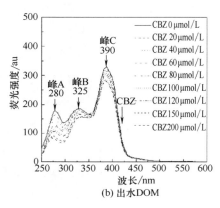

图 8-5　随着逐渐增大 CBZ 浓度的进水 DOM 和出水 DOM 的同步荧光光谱图

在进水与最终出水的 DOM 样品中加入 CBZ 后观察 SF 光谱的变化并进行比较（图 8-5）。可以观察到 DOM 不同的物质均发生荧光淬灭现象，表明在 DOM 与 CBZ 形成复合物的过程中 DOM 自身发生电子结构变化。对于道路径流雨水进水 DOM，随着添加的 CBZ 含量的增加，SF 光谱中的荧光峰 A 发生明显的淬灭现象，而荧光峰 B 和 C 的淬灭现象却不是十分显著（图 8-5）。在图（b）中，GS 道路径流雨水出水 DOM 样品的 SF 光谱也表现出类似的现象，这表明 DOM 被 CBZ 淬灭的程度和相关结构变化取决于 DOM 自身的疏水/亲水性质和 DOM 的来源，而不取决于 DOM 中 MHLF、PLF 和 HLF 物质的含量。图 8-5 中在 280nm 处发生的显著淬灭现象可能归因于色氨酸类荧光团和 CBZ 的配合，根据先前研究这可能是由于类蛋白物质与 CBZ 之间的疏水作用导致的[6]。而亲水作用（即电子架桥或氢键）则主要发生在 325nm 和 390nm 处，这种淬灭效应是由于 MHLF 和 HLF 具有更多的极性官能团[8]。发生在 280nm 处的淬灭效应大于发生在 325nm 和 390nm 处的淬灭效应表明了 DOM 与 CBZ 之间的疏水相互作用占据 DOM-CBZ 配合的主导因素，而亲水作用则较多发生在 CBZ 电离部分与 DOM 含氧官能团之间。

8.6　径流雨水中溶解性有机质与卡马西平配合的二维光谱分析

对紫外可见光谱数据进行 2D-COS 分析比较经过 GS 处理前后道路径流雨水中 DOM 与 CBZ 的结合特性，以研究 GS 对于 CBZ 环境行为的影响（图 8-6）。

在道路径流雨水进水同步图 [图 8-6（a）] 中，观察到三个峰：两个自发峰，x_1/x_2 波长在 205nm/205nm 和 283nm/283nm 处，以及一个交叉峰在 283nm/205nm 处。峰的强度大小遵循 205nm/205nm→283nm/205nm→283nm/283nm 的顺序。当含有 π 键的发光集团（C═C）与苯环（存在于 CBZ 中）结合时，π—π 键可以在 200～250nm 处具有更大的共轭体系。因此，在 205nm/205nm 处的峰显示出较高的强度。道路径流雨水出水的同步图 [图 8-6（c）] 的结果与进水的结果一致。所有同步发光基团关于主对角线都是对称的，并且自发峰值全部位于主对角线上，交叉峰出现在非对角线的区域。外部的扰动会引起同步光谱峰的强度变化，同步光谱中的自发峰和交叉峰表示相对应的 DOM 结构的敏感性程度[9]。道路径流雨水进水中自发峰的强度大于出水中的自发峰强度，这表明由于 CBZ 的浓度增加，道路径流雨水进水中的 DOM 要比出水中的 DOM 变得更敏感。

随着 CBZ 浓度的增加，异步 2D-COS 图出现光谱强度的不断变化。在径流雨

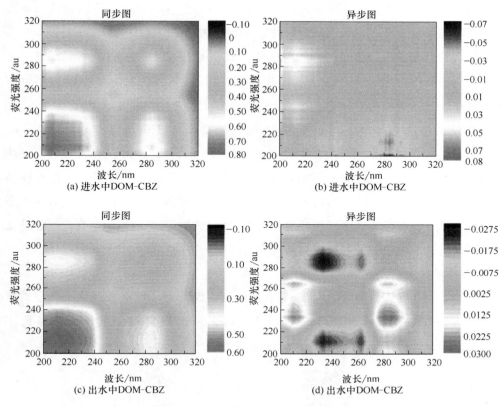

图 8-6　从进水和出水中 DOM-CBZ 的
紫外可见光谱得到的 2D-COS 图

水出水异步图 [图 8-6 （d）] 中的非对角线区域发现两个正交叉峰 （分别在
285nm/233nm 和 285nm/264nm 处） 和五个负交叉峰 （分别在 233nm/212nm、
237nm/212nm、265nm/212nm、313nm/212nm 和 313nm/287nm 处）。图 8-6 还显
示出在 285nm 处具有低强度吸收带，在 270～350nm 处的波长也同样呈现出低强
度的吸收带，表明溶解有机化合物含有非键合电子的发光集团，图 8-5 中的结果也
证实了 DOM 和 CBZ 之间存在配合作用。然而，对于径流雨水进水异步图 [图 8-6
（b）]，可以在 213nm/243nm、213nm/272nm、213nm/282nm、213nm/286nm 和
213nm/293nm 处发现 5 个较弱的负交叉峰。根据 Noda 规则，CBZ 与 DOM 的结
合顺序为：径流雨水进水中为 213nm/286nm→213nm/282nm→213nm/272nm→
213nm/296nm→213nm/243nm，出水为 285nm/233nm→285nm/264nm→233nm/
212nm→237nm/212nm→265nm/212nm→313nm/212nm （313nm/287nm）。结果
表明，出水 DOM 可以显示出比进水 DOM 更多的与 CBZ 结合位点，这可能是由土

壤中的微生物分解作用和土壤层的过滤引起的。因此，GS 在处理道路径流雨水的过程中可以影响 DOM-CBZ 的结合特性。

以前的研究表明，DOM 与 CBZ 之间的配合作用可以影响 CBZ 的溶解度、迁移率、生物利用率和迁移转化[10]。因此，为了研究 DOM 荧光团与 CBZ 的结合位点和顺序，我们通过利用 SFS 结合 2D-COS 表征 DOM-CBZ 的配合特征（图 8-7）。在道路径流雨水进水中，可以观察到两个自发峰在 280nm/280nm 和 390nm/390nm 处，还可以观察到一个交叉峰在 390nm/280nm 处［图 8-7（a）］。敏感性从大到小按照 280nm/280nm→390nm/280nm→390nm/390nm 的顺序。在出水样品中［图 8-7（c）］，同步图显示出与进水相似的结果，但峰的强度较低，这表明在经过吸附、微生物和分解土壤层的截留作用后，DOM 对 CBZ 的敏感性变低。这种变化可能是受到类腐殖酸类和类蛋白质类物质减少的影响，这也可能导致与 DOM 配合的 CBZ 释放出来变成活性的 CBZ。

异步 2D-COS 光谱图表明随着 CBZ 的添加，CBZ 与 DOM 结合位点顺序的变化（图 8-7）。在径流雨水进水中，图 8-7（b）可以观察到一个正交叉峰位于

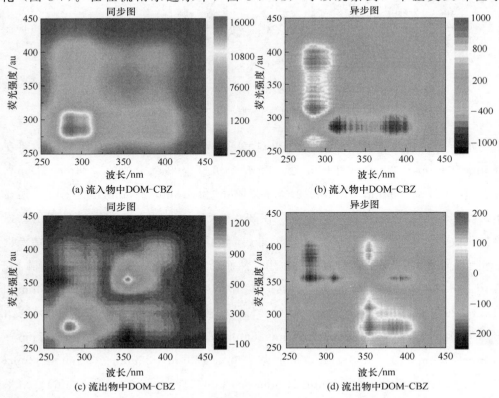

图 8-7　从流入物和流出物中 DOM-CBZ 的 SFS 获得的 2D-COS 图

280nm/270nm 处和两个负交叉峰位于 310nm/280nm 和 390nm/280nm 处。根据 Noda 规则，进水 DOM 和 CBZ 的荧光淬灭遵循以下顺序：280nm/270nm→ 310nm/280nm→390nm/280nm，这表明 PLF 物质优先与 DOM 结合，并且与 MHLF 或 HLF 物质相比具有更高的亲和力。在经过 GS 处理后，DOM 显示出更 多的结合位点，包括在 390nm/355nm 处的一个负交叉峰和在 355nm/280nm、 390nm/280nm 和 355nm/325nm 处的三个正交叉峰［图 8-7（d）］。出水 DOM 的 CBZ 结合顺序遵循以下规律：355nm/280nm（355nm/325nm）→390nm/280nm→ 390nm/355nm，说明出水 DOM 中类富里酸类物质更容易与 CBZ 配合。然而，图 8-5 表明，对于 PLF、MHLF 和 HLF 物质，荧光组分的去除率分别为 61.2％、 75.0％和 66.5％。因此，CBZ 也可以在 GS 对 DOM 的去除过程中随 DOM 一起被 GS 去除。以上得到的结果表明 2D-COS 可以有效地解决峰重叠的问题，并且说明 GS-CBZ 的结合位点可能受到 GS 处理的影响而发生变化。

8.7　径流雨水中溶解性有机质与卡马西平的荧光淬灭分析

图 8-8 显示了径流雨水 DOM 流过 GS 之前和之后进出水添加 CBZ 的各组分的 荧光淬灭曲线。尽管在先前的研究中通过进行垃圾渗滤液与富里酸类物质的荧光淬 灭证实 CBZ 可以通过亲水结合与腐殖酸官能团进行相互作用[10]，但是在本研究中 C1 和 C2 与 CBZ 的配合作用很微弱，荧光淬灭曲线可忽略不计。这个结果同时说 明由于腐殖酸荧光团的极性官能团的普遍差异性，导致一部分类腐殖质物质与 CBZ 之间结合作用较弱。C3 和 C4 淬灭效果显著，这与之前研究 CBZ 与废水 DOM 的淬灭反应的报道一致[11]，同时这个结果说明径流雨水进水中的腐殖质类物质可 以通过亲水性结合，在 DOM-CBZ 配合中起到重要作用。许多先前的研究表明 PPCPs 污染物通过亲水性部分与 DOM 结合通常会弱于疏水性部分与 DOM 的相互 作用。C5 作为类蛋白质类物质与 DOM 结合具有比腐殖酸与 DOM 结合更大程度 的淬灭程度，表明类蛋白质类物质与 CBZ 之间的疏水性结合在 CBZ 的迁移转化中 起主要作用。该结果与先前 SF 光谱分析得到的结果相似。

在经过 GS 处理后，径流雨水出水中的类腐殖质类物质和类蛋白质类物质的荧 光强度均明显下降，可能导致 DOM-CBZ 之间配合的机理变化。与进水相比，C1 和 C2 仍显示低淬灭趋势，表明这两种腐殖质类物质与 DOM 的配合作用不受 GS 处理的影响。虽然与进水相比荧光强度有所降低，但 C3 和 C4 仍与 CBZ 之间显示

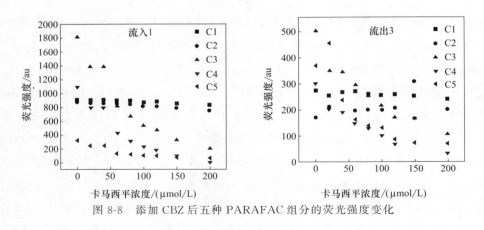

图 8-8　添加 CBZ 后五种 PARAFAC 组分的荧光强度变化

出较强的配合作用，表明类腐殖质类物质的含量变化不能影响到 DOM 与 CBZ 之间的配合作用。与之相似，随着类蛋白质类物质的减少，C5 的淬灭程度增大，表明与进水相比，类蛋白质类物质在 CBZ 的迁移转化中起到更为重要的作用。因此，CBZ 与各种 DOM 组分之间的荧光淬灭曲线可以显示出配合作用的明显差异。此外，在最初加入 CBZ 时，C5 的荧光强度略有增加，然后随着 CBZ 的进一步添加而逐渐降低。这种荧光淬灭变化可能是由于类蛋白质物质的分子环境变化，以及 GS 设施溶解出的一些二价阳离子（如 Cu^{2+}、Ca^{2+} 和 Mg^{2+}）导致的结果。

　　DOM 与 CBZ 之间的配合参数由配合方程式计算。在径流雨水进水之中，DOM-CBZ 的配合常数（lgK_M）在 3.46～4.63 的范围内（表 8-3）。类蛋白质类物质相比于类腐殖质类物质显示出与 CBZ 结合更高的 lgK_M 值，这说明了类蛋白质类物质与 CBZ 形成的复合物具有更高的稳定性。根据 CBZ 具有的药物动力学，CBZ 的生物利用度范围为 58%～85%，与蛋白质也具有约 76% 的结合率。同时，从表 8-3 中也可以看出类蛋白质类物质与 CBZ 的结合也具有较高的 f 值。在径流雨水出水中 lgK_M 和 f 值与进水中的 lgK_M 和 f 值有着相类似的趋势。然而，与 E3 出水相比，$lg K_M$ 值在 I1 出水中显示出明显的增加，这表明生成的配合物在经过 GS 处理后具有更高的化学稳定性。此外，出水中的 f 值低于进水中的 f 值。Wang[2] 等报道类蛋白质类物质和类腐殖酸物质在与 CBZ 结合的稳定性和能力上显示出不同的差异。疏水结合更可能发生在类蛋白质类物质与 CBZ 结合之中，而亲水结合则一般通过架桥作用和氢键之间的相互作用使类腐殖质类物质与 CBZ 相结合[12]。

　　同时该研究还表明，径流雨水进水中的类蛋白质类物质具有较低去除率和优先的结合顺序［图 8-7（b）中为 280nm→310nm→390nm］，而且类蛋白质类物质与 CBZ 形成的配合物表现出较高的化学稳定性。然而，在经过 GS 处理后 DOM-CBZ

表 8-3　通过 Ryan-Weber 模型计算的 CBZ 与 DOM 之间的配合稳定常数

波长/nm	I1			波长/nm	E3		
	$\lg K_M$	f	R^2		$\lg K_M$	f	R^2
280①②	4.63	0.86	0.997	280①②	5.01	0.65	0.993
310②	4.52	0.62	0.993	325①	4.90	0.34	0.951
325①	3.53	0.42	0.972	355②	—	—	—
390①②	3.46	0.31	0.982	390①②	4.43	0.21	0.912

① 基于图中的 SFS 的表观形状选择峰值波长。
② 基于图中 2D-COS 中观察到的峰选择峰值波长。

的结合特性发生了很大的变化；类腐殖质类物质表现出了优先的结合能力。同时，大部分的类腐殖质类物质可以通过 GS 处理去除，这会降低 CBZ 进入水环境的风险。

组分 C3~C5 计算出的 $\lg K_M$ 和 f 值列在表 8-3 中。这些数据是由 Ryan-Weber 公式建模得到的，但 C1 和 C2 的数据不能有效地建模，因为这两种类腐殖质类组分与 CBZ 之间的淬灭效应要么太弱，要么根本不发生。因此，本研究主要关注组分 C3~C5 与 CBZ 之间配合的 $\lg K_M$ 和 f 值。

表 8-4 显示类蛋白质组分 C5 在进水和出水中具有比类腐殖质组分 C3 或 C4 更高的 $\lg K_M$ 值。同时，不同组分和 CBZ 之间的配合反应在出水中的 $\lg K_M$ 值要高于在进水中的 $\lg K_M$ 值。这些结果与 SFS 和 2D-COS 中所获得的结果一致，表明 GS 处理可以增加 DOM-CBZ 复合物的化学稳定性。DOM-CBZ 之间的配合具有非常高的 f 值：在进水中 f 值范围为 0.87~0.99，表明绝大多数配体均可以参与到配合反应中，之后，随着 GS 处理后 f 值降低。不同分析方法（2D-COS 与 PARAFAC 模型）所获得的结果显示出了相似的结果。

表 8-4　PARAFAC 组分与 CBZ 配合反应的 $\lg K_M$ 和 f 值

组分	I1			E3		
	$\lg K_M$	f	R^2	$\lg K_M$	f	R^2
C3	4.54	0.99	0.997	4.62	0.76	0.986
C4	4.78	0.96	0.995	5.16	0.72	0.998
C5	4.85	0.87	0.989	5.27	0.85	0.953

统计学分析用于研究 DOM 的组分和性质与 $\lg K_M$ 或 C_L 值之间的关系。如表 8-5 所示，C4 与 $\lg K_M$ 值呈显著正相关（$P<0.01$），而 C1、C2 和 C3 与 $\lg K_M$ 无明显相关性。与 C4 相比，C1、C2 和 C3 有一些蓝移，表明这些类腐殖质类物质和类富里酸类物质与 CBZ 的结合能力和腐殖化程度弱于 C4[12]。这个结果可以通过以下原因来进行解释：具有更复杂结构的类腐殖质类物质的存在可以显著增加

CBZ 对 DOM 的结合亲和力，这在先前的报道中是由更复杂结构的类腐殖质类物质的高分子量和高芳香性决定的[13]。蛋白质样物质（C5）与 $\lg K_M$ 值呈现显著负相关性（$P < 0.01$），这可能归因于具有高疏水性和低芳香性的氨基和羧基官能团的存在[14]。$SUVA_{254}$ 与 $\lg K_M$ 值之间显示出显著的正相关性（$P < 0.01$），表明 DOM 的芳香性可以影响 CBZ 与 DOM 的结合稳定性常数。A_{253}/A_{203} 观察到类似的现象，表明 DOM 的芳香性和腐殖化程度也与 CBZ 和 DOM 之间的配合稳定性常数相关。

表 8-5　DOM 的组分和性质与 $\lg K_M$ 和 C_L 值的相关系数

	C1	C2	C3	C4	C5	$SUVA_{254}$	A_{253}/A_{203}	$A_{240\sim400}$
$\lg K_M$	0.88	−0.76	0.87②	0.97①	−0.95①	0.98①	0.97①	0.91②
C_L	−0.89	0.77	0.94①	0.96①	−0.88②	0.84	0.87	0.95①

① 相关性在 0.01 显著水平。
② 相关性在 0.05 显著水平。

尽管 C3 与 C4 相比发生蓝移，但类腐殖质类物质 C3 和 C4 与 C_L 呈现显著正相关性（$P < 0.01$）。该结果表明，类腐殖质物质的分子量和芳香性的变化不会影响类腐殖质物质与 CBZ 的配合能力。具有低激发波长的类腐殖质物质 C1 和类富里酸物质 C2 与 C_L 值没有显著的相关性，这可能是由于类腐殖质物质上的极性官能团不同导致的[11]。与 $\lg K_M$ 不同，C_L 值与 A_{253}/A_{203} 和 $SUVA_{254}$ 之间无明显相关性，表明芳香性和腐殖化程度对结合能力影响较小。$A_{240\sim400}$ 与 C_L 呈显著正相关（$P < 0.01$），表明类腐殖质类物质通过羰基、羧基、羟基及其他极性官能团与 CBZ 产生较高的结合能力。

8.8　本章小结

以前的研究表明，GS 是一种简单有效的净化道路径流雨水的设施[15]。然而，这些研究主要关注于传统污染物（如 TSS、TP、TN 和 COD 等）的去除，而忽略了新型的污染物如 PPCPs 的变化。由于 DOM 的形态结构是可以发生变化的，这种变化可能会影响到 DOM 与 CBZ 配合并可能进一步的影响 CBZ 在水环境中的迁移转化和生物利用[14]。DOM 通常可以分成两个不同的部分，例如疏水部分和亲水部分，或酸性疏水部分和中性亲水部分等[16]。这些划分也可能会极大地影响有机污染物的迁移转化和生物利用。DOM 和 CBZ 之间的配合反应也可能会增加或减少 CBZ 的生物毒性[17]。光谱分析方法，包括 UV-Vis、EEMs-PARAFAC、SFS

海绵城市有机质输移环境效应

结合 2D-COS 和荧光淬灭，可以帮助我们更好地理解 DOM 和 CBZ 之间的相互作用，并推测 CBZ 的持久性、迁移转化和其在水环境中的命运。GS 处理可以极大地去除径流雨水中的 DOM，降低水环境中有机污染物的污染风险。因此，GS 的广泛应用有助于改善水环境并减少道路径流雨水污染。本研究为更好地评估 CBZ 的生态风险提供了进一步的指导。

　　本研究的目的是研究 GS 在处理道路径流雨水 DOM 过程中 DOM-CBZ 的配合机制变化及道路径流中 CBZ 在水环境中迁移转化和产生的生物地球化学的影响。GS 是被广泛使用于城市和城乡连接地带的 LID 技术之一，用于去除道路径流中的污染物。道路径流雨水中的 DOM 组分在 CBZ 的迁移转化和生物利用中起到关键作用。大多数道路径流雨水中的 DOM 可以通过 GS 处理来去除，这可以降低 CBZ 对水环境污染的风险。光谱分析方法（例如 UV-Vis、荧光光谱）是有效的研究 DOM 和 CBZ 之间配合反应的工具。光谱测量技术结合统计学分析可以更好地揭示 DOM 的形态结构变化及其与 CBZ 的配合机制。使用 EEMs-PARAFAC 模型可以识别出五种荧光组分；在经过 GS 处理后，五种组分与 CBZ 的配合能力均发生了变化。SFS 结合 2D-COS 的结果表明在经过 GS 处理后，CBZ 与 DOM 组分的配合顺序发生变化，从优先与类蛋白质类组分结合变为优先与类腐殖质类组分相结合，在经过 GS 处理后 $\lg K_M$ 值也出现相应的增加。研究结果可对有效改善 GS 设施起到帮助并可以对环境中存在的 PPCPs 污染进行预测。

参 考 文 献

[1] Yuan D，He J，Li C，et al. Insights into the pollutant-removal performance and DOM characteristics of stormwater runoff during grassy swales treatment [J]. Environmental Technology，2017，139：5481.

[2] Wang Y，Zhang M，Fu J，et al. Insights into the interaction between carbamazepine and natural dissolved organic matter in the Yangtze Estuary using fluorescence excitation-emission matrix spectra coupled with parallel factor analysis [J]. Environmental Science and Pollution Research，2016，23：19887-19896.

[3] James L Weishaar，George R Aiken，Brian A Bergamaschi，et al. Evaluation of specific ultraviolet absorbance as an indicator of the chemical composition and reactivity of dissolved organic carbon [J]. Environmental Science & Technology，2003，37：4702-4708.

[4] Qu H L，Guo X J，Chen Y S，et al. Characterization of dissolved organic matter from effluents in a dry anaerobic digestion process using spectroscopic techniques and multivariate statistical analysis [J]. Waste and Biomass Valorization，2017，8：793-798.

[5] Coble P G. Characterization of marine and terrestrial DOM in seawater using excitation-emission matrix spectroscopy [J]. Mar Chem，1996，51：325-346.

［6］ Minero C，Lauri V，Falletti G，et al. Spectrophotometric characterisation of surface lakewater samples： Implications for the quantification of nitrate and the properties of dissolved organic matter ［J］. Anal Chim，2007，97：1107-1116.

［7］ Guo X J，Li Q，Jiang J Y，Dai B L. Investigating spectral characteristics and spatial variability of dissolved organic matter leached from wetland in semi-arid region to differentiate its sources and fate ［J］. CLEAN-Soil，Air，Water，2014，42：1076-1082.

［8］ Pan B，Ping N，Xing B S. Part V-Sorption of pharmaceuticals and personal care products ［J］. Environmental Science and Pollution Research，2009，16：106-116.

［9］ Guo X，Li Y，Feng Y，et al. Using fluorescence quenching combined with two-dimensional correlation fluorescence spectroscopy to characterise the binding-site heterogeneity of dissolved organic matter with copper and mercury in lake sediments ［J］. Environmental Chemistry，2017，14：91-98.

［10］ Bai Y，Wu F，Liu C，et al. Interaction between carbamazepine and humic substances：A fluorescence spectroscopy study ［J］. Environmental Toxicology and Chemistry，2008，27：95-102.

［11］ Navon R，Hernandezruiz S，Chorover J，et al. Interactions of carbamazepine in soil：effects of dissolved organic matter ［J］. Journal of Environmental Quality，2011，40：942-948.

［12］ Qu H L，Guo X J，Chen Y S，et al. Characterization of Dissolved Organic Matter from Effluents in a Dry Anaerobic Digestion Process Using Spectroscopic Techniques and Multivariate Statistical Analysis ［J］. Waste and Biomass Valorization，2017，8：798-802.

［13］ Yang L，Hong H，Guo W，et al. Absorption and fluorescence of dissolved organic matter in submarine hydrothermal vents off NE Taiwan ［J］. Mar Chem，2012，128：64-71.

［14］ Lucke T，Mohamed M A K，Tindale N. Pollutant removal and hydraulic reduction performance of field grassed swales during runoff simulation experiments ［J］. Water (Basel)，2014，6：1887-1904.

［15］ Maoz A，Chefetz B. Sorption of the pharmaceuticals carbamazepine and naproxen to dissolved organic matter：role of structural fractions ［J］. Water Research，2010，44：981-989.

［16］ Yamashita Y，Jaffé R，Maie N，et al. Assessing the dynamics of dissolved organic matter (DOM) in coastal environments by excitation emission matrix fluorescence and parallel factor analysis (EEM-PARAFAC) ［J］. Limnology and Oceanography，2008，53：1900-1908.

［17］ Kowalczuk P，Cooper W J，Durako M J，et al. Characterization of dissolved organic matter fluorescence in the South Atlantic Bight with use of PARAFAC model：relationship between fluorescence and its components，absorption coefficients and organic carbon concentration ［J］. Marine Chemistry，2010，118：22-36.

海绵城市有机质输移环境效应

9 土壤渗滤系统对城市径流中溶解性有机质与重金属相互作用机制的影响

9.1 土壤渗滤装置结构

本试验装置位于北京西城区，从图 9-1 中可以看出，模拟装置由渗透槽和模拟降雨系统两部分组成。渗透槽是规格为 1500mm×600mm×600mm 的长方形 PVC 装置，通过隔板划分为 300mm×300mm×600mm 共 10 个独立单元，每个单元设有溢流口，单元底部是渗透孔板并设有出水口。在每个单元内壁均采取打磨处理，防止壁流发生。配水系统由一个 90L 的玻璃水箱，两个小型潜水泵和两个转子流量计组成。试验中所用到的土壤改良剂有两种，一种由玉米秆和沸石组成，简称 CSZ，另一种由泥炭和石英砂组成，简称 CTS，改良的目标土壤为黏重土壤。每个渗透单元填充 10kg 土壤和不同含量的改良剂，每种改良剂添加的量占土壤质量的 10%、20%、30% 和 40%。另外两个渗透单元填充的土壤不添加改良剂。进水样品记为 RW，经过没有添加改良剂的土壤处理过的样品记为 SW，经过改良后的土

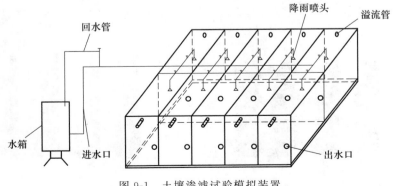

图 9-1 土壤渗滤试验模拟装置

壤处理后的样品标为 CSZW（10％、20％、30％和 40％）和 CTSW（10％、20％、30％和 40％）。收集的水样经过 0.45μm 滤膜进行过滤，储存在 4℃下的棕色玻璃瓶中，用于分析 DOM。与此同时，TN、TP、TSS 和 COD 也被用来分析不同改良剂改良的土壤对水质净化的效果。

9.2　结果与分析

9.2.1　水质净化效果

图 9-2 显示了 TN、TP、COD 和 TSS 浓度的变化。两种改良剂改良的土壤对四种污染物展现了很好的去除性能，表明改良后的土壤都能够有效地去除污染物。如图 9-2 所示，TP 和 TSS 浓度在经过两种改良剂改良的土壤处理后有明显的降低，两种改良剂对 TP 的去除显示了差异性，而对 TSS 的去除没有显示差异性。TN 的浓度在 CTSW 中有波动的趋势，然而随着 CSZ 改良剂添加量的增加，TN 的浓度呈现了降低的趋势。值得注意的是，在添加了两种改良剂后 COD 的浓度呈现了相反的趋势，在 CSZW 中的浓度明显高于 CTSW。

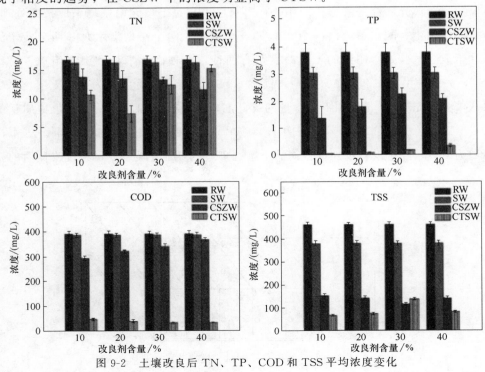

图 9-2　土壤改良后 TN、TP、COD 和 TSS 平均浓度变化

图 9-3 显示了两种改良剂改良的土壤对 TN、TP、COD 和 TSS 去除率的变化。随着改良剂添加量的增加，TP 的去除率呈现降低的趋势，CSZ 改良剂对 TP 的去除率为 40%～60%，CTS 改良剂对 TP 的去除率为 91%～99%。在 CSZ 改良剂添加量为 30% 的时候，TP 的去除率达到最低。CSZ 对 COD 的去除率为 6%～25%，而 CTS 对 COD 的去除率为 88%～92%，表明相比于 CSZ 改良剂，CTS 改良剂能够明显增强对 COD 的去除能力。此外，COD 的去除率随着 CTS 改良剂添加量的增加而增加，但是随着 CSZ 改良剂添加量的增加而减少。两种改良剂对 TSS 的去除没有明显的变化，CSZ 对 TSS 的去除率为 67%～75%，CTS 对 TSS 的去除率为 70%～85%。并且有趣的是，CSZ 改良的土壤在添加剂含量为 30% 的时候对 TSS 的去除率达到最高，而 CTS 改良的土壤在添加剂含量为 30% 的时候对 TSS 的去除率达到最低。图 9-3 也表明，CSZ 改良的土壤对污染物的去除能力相对较低，而 CTS 改良的土壤具有更好的去除性能，特别是对 COD 的去除。

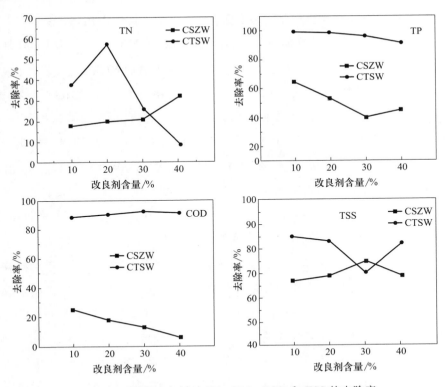

图 9-3 不同量改良剂对 TP、TN、COD 和 TSS 的去除率

总的来说，相比于 CSZ 改良剂，CTS 改良剂呈现出更好的水质净化效果。除

9 土壤渗滤系统对城市径流中溶解性有机质与重金属相互作用机制的影响

了改良后土壤内部的结构，也和改良剂对污染物的沉淀有关。矿物材料可以通过吸附、过滤、离子交换和化学活性来净化水质[1]。本试验中泥炭和石英砂对污染物的去除起着关键的作用。这些材料有更多的微孔结构和高化学稳定性，从而增加土壤的渗透能力和减少土壤板结。此外，更多的微孔结构能够为微生物活动提供更多的生活空间，从而为微生物代谢提供一个稳定的环境。

9.2.2　紫外吸光光谱

表 9-1 呈现了 DOM 的性质，$SUVA_{254}$、$A_{250/365}$、$A_{253/203}$ 和 TOC 显示了土壤改良后 DOM 结构和分子特征变化的更多详细信息。TOC 是指溶解和悬浮有机碳的总量，它可以反映有机污染的状况。较高的 TOC 值表明更严重的有机污染。如表 9-1 所示，CSZW 和 CTSW 中的 TOC 值明显低于 RW 和 SW 中的值，表明土壤改良后水质得到改善，尤其是 CTS 改良剂。$SUVA_{254}$ 已被广泛应用于反映 DOM 中芳香结构的相对含量[2]。Chen[3] 等指出，$SUVA_{254}$ 指数可用作检测不饱和碳键（包括芳香族化合物）存在的指标。从表 9-1 中可以看出，RW 和 SW 显示出比 CSZW 和 CTSW 更高的 $SUVA_{254}$ 值。较高的 $SUVA_{254}$ 值表明 DOM 样品具有更多难降解的芳香族化合物[4,5]。此外，CTSW 中的 $SUVA_{254}$ 值低于 CSZW 中的值，在 30% 添加量时获得最低值。结果表明，与 CSZ 改良的土壤相比，CTS 改良的土壤在减少难降解芳香族化合物方面更有效。

$A_{250/365}$ 的值可用于揭示分子大小和 DOM 的芳香性，较高的值与较小分子尺寸和较低的芳香度相关联[6,7]。在本研究中，RW 和 SW 中的 $A_{250/365}$ 值低于 CSZW 和 CTSW 中的值，表明相对大的分子尺寸和高度芳香性。此外，CTSW 中 $A_{250/365}$ 的值相对高于 CSZW，表明 CTS 改良的土壤在去除大分子量的 DOM 方面具有更好的性能。该结果与 $SUVA_{254}$ 值的结果一致。

$A_{253/203}$ 可以是芳族体系中取代物种类的指示剂[8]。未取代的芳环结构获得低 $A_{253/203}$ 比率，并且 $A_{253/203}$ 的增加值表示高度被羟基、羰基、酯基和羧基取代的芳环。表 9-1 显示了 $A_{253/203}$ 的值。RW 和 SW 中的 $A_{253/203}$ 值显著低于 CSZW 和 CTSW 中的值，这意味着 CSZW 和 CTSW 在芳环的取代基中含有更多的脂肪链，而 RW 和 SW 可能带有更多的羰基、羧基、羟基和芳环的酯取代基。与 $SUVA_{254}$ 类似，CTSW 中的 $A_{253/203}$ 值相对低于 CSZW。造成这种现象的一个可能原因是土壤样品的内部结构随着两种改良剂的不同而得到改善。此外，它还可能与调节剂的原料沉淀一些污染物有关。

表 9-1　土壤渗滤中 DOM 的特性

样品	$SUVA_{254}$	$A_{250/365}$	A_{253}/A_{203}	TOC
RW	1.11	1.37	0.77	110.3
SW	0.96	1.84	0.68	100.6
CSZW(10%)	0.73	2.89	0.56	82.62
CSZW(20%)	0.69	3.06	0.52	78.17
CSZW(30%)	0.60	3.84	0.58	69.65
CSZW(40%)	0.67	3.37	0.41	67.61
CTSW(10%)	0.62	1.98	0.54	75.86
CTSW(20%)	0.58	3.36	0.49	58.47
CTSW(30%)	0.54	4.33	0.33	50.39
CTSW(40%)	0.55	4.37	0.28	54.77

9.2.3　荧光光谱

四个 DOM 样品的 EEMs 光谱如图 9-4 所示。光谱总共显示了四个不同的荧光团，以峰或肩的形式存在。图 9-4（1）显示了第一个峰（峰 A）的波长在 E_x/E_m 为（240~260nm)/(400~425nm）处，与低分子量的类富里酸物质有关，并且在 RW 和 SW 中以肩峰形式存在[9-11]。在波长 E_x/E_m 为（300~325nm)/(400~425nm）附近发现第二个峰（峰 C）与具有高分子量的类腐殖酸物质有关。Senesi[12] 等研究发现，短波长处的荧光峰与具有宽分子非均匀性和小分子量的简单结构组分的存在以及低芳香缩聚度和低腐殖化程度有关。相反，长波长处的荧光峰可归因于延伸的、线性耦合的芳环网络和其他不饱和键系统有关，其能够在高分子量单位的高腐殖度下进行高度共轭。第三个峰（峰 B）可以被鉴定为波长 E_x/E_m 为（225~240nm)/(325~350nm）的肩峰，并且与作为游离分子存在的或结合在蛋白质、肽或腐殖质结构中的类色氨酸物质有关。最后一个峰在波长为 E_x/E_m 为（260~280nm)/(325~350nm）处的（峰 D）也与类色氨酸物质有关。这两种类蛋白荧光团显示出一种恒定的关联性[13]。图 9-5 描绘了四个 DOM 样品中四个峰的荧光强度分布。RW 中峰 A、B、C 和 D 的荧光强度高于 SW、CSZW 和 CTSW，因为 RW 中有大量污染物。峰 D 在 RW 中显示出明显的荧光强度，峰 B 和峰 C 形成了肩带，这表明荧光强度弱。RW 中峰 B 和峰 D 的存在是由各种污染物引起的，这些污染物可以为微生物活动提供丰富的营养物质。土壤改良后，CSZW 和 CTSW 中四个峰的荧光强度进一步降低，表明两种改良剂改良后的土壤可以有效去除类腐殖质、类富里酸和类色氨酸物质。这一结果可归因于土壤中存在的改良剂，

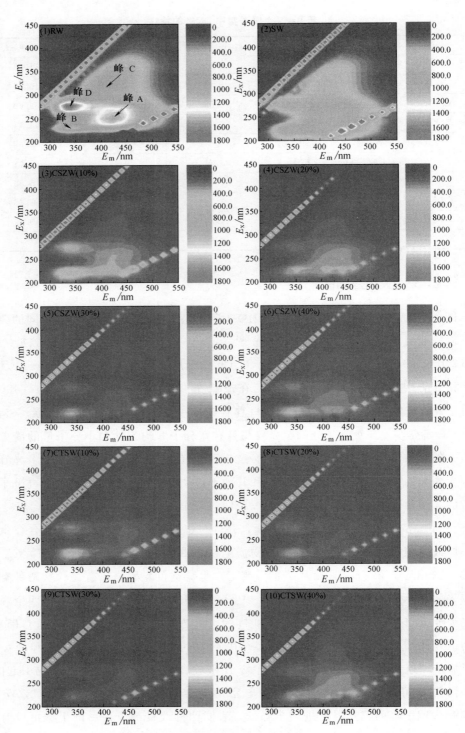

图 9-4　土壤改良前后 DOM 三维荧光光谱图

它可以优化土壤结构，为微生物代谢和生长提供更多生存空间，提高有机污染物去除效率。此外，CTSW中四个峰的荧光强度相对低于CSZW，表明CTS改良的土壤比CSZ改良的土壤对有机污染物的去除更有效。

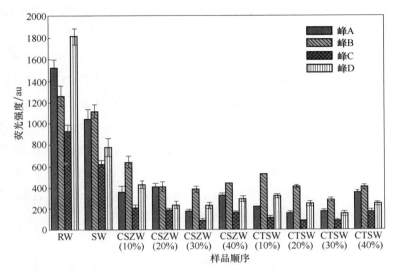

图 9-5　DOM 中荧光峰的强度分布

从表 9-2 中可以看出，CSZW 和 CTSW 中的 HIX 值明显高于 RW 和 SW，表明土壤改良后 DOM 净化程度增加。此外，CTSW 中的 HIX 值高于 CSZW 中的 HIX 值，表明 DOM 相对较高的腐殖化程度。这些结果与 $A_{250/365}$ 的结果一致。

表 9-2　土壤改良前后 DOM 荧光指数

样品	HIX	BIX
RW	1.85	0.80
SW	2.06	0.85
CSZW	2.54	0.88
CSZW	2.68	0.81
CSZW	2.72	0.92
CSZW	2.37	0.90
CTSW	2.78	0.94
CTSW	2.76	0.85
CTSW	2.83	0.83
CTSW	2.81	1.22

9.2.4　重金属对土壤渗滤中溶解性有机质干扰分析

为了探测 DOM 荧光团的金属结合行为，包括结合位点和结合顺序，利用 2D-

COS 分析土壤改良前后 DOM 与金属离子的配合作用。图 9-6 描绘了由 RW、SW、CSZW 和 CTSW 样品中 DOM 和 Cu（Ⅱ）配合的同步荧光光谱产生的同步和异步 2D-COS 图。同步图围绕主对角线对称，分别包含主对角线和非对角线区域中的自动峰值和交叉峰值。自动峰值和交叉峰值表示相应光谱区域对由于外部扰动引起的光谱强度变化的敏感性[14]。从图 9-6 中可以看出，同步 2D-COS 中每个样品都显示了两个正自动峰和一个交叉峰。峰的强度表明 SW、CSZW 和 CTSW 样品中类蛋白物质对 Cu（Ⅱ）的敏感性更高，而 RW 中类腐殖质对 Cu（Ⅱ）更敏感。结果表明，土壤改良后改变了荧光 DOM 组分对 Cu（Ⅱ）的敏感性。此外，对于 RW、SW 和 CSZW 样品，自动峰的范围分别为 257～450nm、260～475nm 和 262～460nm，但 CTSW 样品中的自动峰范围为 262～410nm，表明长波长的荧光 DOM 组分对 RW、SW 和 CSZW 样品中 Cu（Ⅱ）浓度的变化比对 CTSW 样品更敏感。还可以清楚地看到，土壤改良后峰的强度降低，特别是类腐殖质，表明土壤处理系统降低了荧光 DOM 组分对 Cu（Ⅱ）浓度变化的敏感性，尤其是对 CSZW 样品的处理。

异步映射与同步映射不同的是它们相对于对角线不对称，不显示自动峰值。此外，异步图显示了添加金属离子后两种不同波长的光谱强度的连续变化。如图 9-6（e）和（f）所示，在 RW 和 SW 中的异步映射的对角线（x_1）下方仅观察到一个正峰值区域。RW 和 SW 中的正峰分别位于 335nm/270nm 和 330nm/278nm 处。根据 Noda 规则[14]，RW 和 SW 中的类富里酸物质显示出与 Cu（Ⅱ）的优先结合性。类似地，在 350nm/275nm 的波长处观察到 CTSW 中的一个正峰。然而，在 CSZW 中的异步映射中可以看到以 319nm/275nm 和 360nm/275nm 为中心的两个负峰，且值得注意的是，与 RW、SW 和 CTSW 中的那些相比，CSZW 中出现了新的强度相对较高的类腐殖质峰，并且可以看到负峰面积更大。与 RW 和 SW 相比，CSZW 中类富里酸峰的强度明显降低。CSZW 的顺序变化程度为 x_2 处的 319nm→360nm，表明类富里酸物质优先与 Cu（Ⅱ）结合，而不是在 x_2 处的类腐殖质。

从 RW、SW、CSZW 和 CTSW 样品中 DOM 和 Zn（Ⅱ）配合的同步荧光光谱中生成的同步和异步 2D-COS 映射如图 9-7 所示。同步 2D-COS 图显示 RW、SW 和 CSZW 中存在两个自发峰和一个交叉峰。峰的强度表明类蛋白物质的敏感性比类腐殖质对 Zn（Ⅱ）的敏感性更高。在 CTSW 中，可以在同步图中观察到两个正自发峰（277nm 和 350nm），一个正交叉峰（416nm）和一个负交叉峰（350nm/277nm）。根据 Noda 的规则[14]，对 Zn（Ⅱ）的敏感性遵循 277nm→350nm→416nm→350nm/277nm 的顺序。

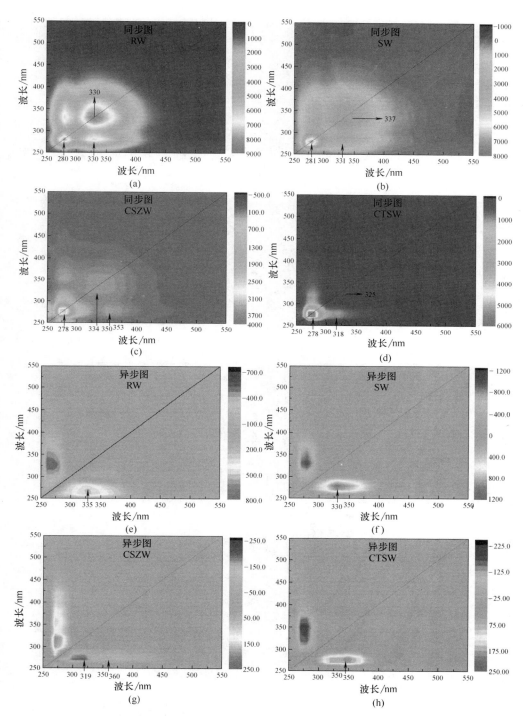

图 9-6　由 RW、SW、CSZW 和 CTSW 样品中 DOM-Cu（Ⅱ）的

同步荧光光谱产生的同步和异步 2D-COS 图

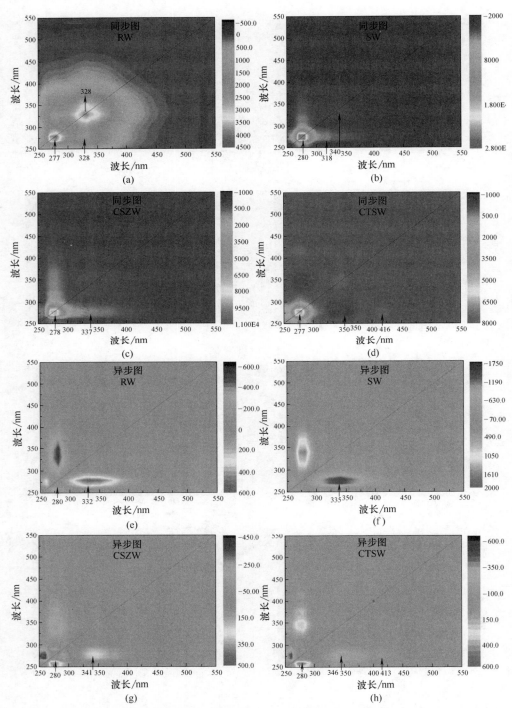

图 9-7　由 RW、SW、CSZW 和 CTSW 样品中 DOM-Zn（Ⅱ）的
同步荧光光谱产生的同步和异步 2D-COS 图

在异步 2D-COS 图中可以看出 DOM 和 Zn（Ⅱ）配合的结果与 DOM 和 Cu（Ⅱ）的配合不同。在 RW 中观察到一个正峰和一个负峰，而在 SW 中仅发现一个负峰。荧光淬灭遵循以下顺序：332nm→280nm，表明 RW 中的类富里酸物质显示出比类蛋白质更高的结合力，而 SW 中的趋势相反。CSZW 的异步映射显示两个正峰值，顺序变化遵循 280nm→341nm，表明 Zn（Ⅱ）与荧光组分的相互作用优先在短波长处发生。图 9-7（h）显示异步图中存在一个正峰和两个负峰，并且顺序变化的程度遵循 280nm→413nm→346nm，结果表明，短波长的荧光成分优先与 Zn（Ⅱ）结合。总的来说，土壤改良对结合位点和顺序有明显的影响，CTS 改良的土壤在降低荧光 DOM 方面比 CSW 改良的土壤更有效，从而去除金属离子，进一步影响金属离子的迁移和转化。

9.3　本章小结

本章主要研究了两种改良剂改良的土壤对污染物（TSS、COD、TN、TP）的去除，及通过荧光光谱技术结合各分析方法研究不同改良剂改良的土壤对雨水径流中 DOM 及其与重金属离子配合的影响，得出以下主要结论。

① 与 CSZ 改良的土壤相比，CTS 改良的土壤在去除 TP、TN、COD 和 TSS 方面表现出更高的效率。CSZ 改良剂对 TP、TN、TSS 和 COD 的去除率为 40%～60%、18%～35%、67%～75% 和 6%～25%，CTS 改良剂对 TP、TN、TSS 和 COD 的去除率为 91%～99%、10%～60%、70%～85% 和 88%～92%。

② 由 UV-Vis 和 3D-EEMs 分析可知：两种改良剂改良的土壤对类蛋白物质和类腐殖酸物质都具有去除效果，CTS 改良剂的去除效果优于 CSZ 改良剂。

③ 由 2D-SYN-COS 分析可知：两种改良剂均可以不同程度地影响 DOM 组分对 Cu（Ⅱ）和 Zn（Ⅱ）的敏感性。

由 2D-ASYN-COS 分析可知：两种改良剂均可以不同程度地影响 DOM 和 Cu（Ⅱ）及 Zn（Ⅱ）的配合位点和配合顺序。

参 考 文 献

[1] Song W，Fu H，Wang G. Study on a kind of eco-concrete retaining wall's block with water purification function [J]. Proc Eng，2012，28：182-189.

[2] Shao Z，He P，Zhang D，et al. Characterization of water extractable organic matter during the biostabilization of municipal solid waste [J]. Hazard Mater，2009，164：1191-1197.

[3] Chen H，Meng W，Zhang B，et al. Optical signatures of dissolved organic matter in the watershed of a globally large river (Yangtze River，China) [J]. Limnological，2013，43：482-491.

[4] Marschner B，Kalbitz K. Control of bioavailability and biodegradability of dissolved organic matter in soils [J]. Geoderma，2003，113：211-235.

[5] Saadi I，Borisover M，Armon R，et al. Monitoring of effluent DOM biodegradation using fluorescence，UV and DOC measurements [J]. Chemosphere，2006，63：530-539.

[6] Haan D H. Solar UV-light penetration and photodegradation of humic substances in peaty lake water [J]. Limnol Oceanogr，1993，38：1072-1076.

[7] Minero C，Lauri V，Falletti G，et al. Spectrophotometric characterisation of surface lakewater samples：Implications for the quantification of nitrate and the properties of dissolved organic matter [J]. Anal Chim，2007，97：1007-1116.

[8] Korshin G V，Li C W，Benjamin M M. Monitoring the properties of natural organic matter through UV spectroscopy：A consistent theory [J]. Water Res，1997，31：1787-1795.

[9] Sierra M M D，Giovanela M，Parlanti E，et al. Structural description of humic substances from subtropical coastal environments using elemental analysis，FT-IR and 13C-Solid State NMR Data [J]. Coast Res，2005，42：219-231.

[10] Knoth de Zarruk K，Scholer G，Dudal Y. Fluorescence fingerprints and Cu^{2+}-complexing ability of individual molecular size fractions in soil-and waste-borne DOM [J]. Chemosphere，2007，69：540-548.

[11] Hassouna M，Massiani C，Dudal Y，et al. Changes in water extractable organic matter (WEOM) in a calcareous soil under field conditions with time and soil depth [J]. Geoderma，2010，155 (1-2)：75-85.

[12] Senesi N，D'Orazio V，Ricca G. Humic acids in the first generation of eurosoils [J]. Geoderma，2003，116：325-344.

[13] Coble P G. Marine optical biogeochemistry：The chemistry of ocean color [J]. Chem Rev，2007，107 (2)：402-418.

[14] Noda I，Ozaki Y. Two-Dimensional Correlation Spectroscopy-Applications in Vibrational and Optical Spectroscopy [M]. London：John Wiley and Sons Inc，2004.

海绵城市有机质输移环境效应

10 结 论

　　海绵城市的建设推广和应用低影响开发建设的模式，加大了城市径流雨水源头减排的刚性约束，充分发挥了城市绿地、道路、水系等对于雨水的吸纳、渗蓄和缓释作用，有效缓解城市内涝，但是对于存在于径流雨水中的典型污染物溶解性有机质的研究甚少。本书主要研究了北京市典型低影响开发设施对溶解性有机质的影响，包括城市地表径流有机质季节分布特征研究分析、绿色屋顶对城市径流中DOM与重金属相互作用机制的影响研究分析、植被浅沟对城市径流中DOM与重金属相互作用机制的影响研究分析、生态护坡对城市径流中DOM与重金属相互作用机制的影响研究分析、不同功能区对城市径流中DOM与重金属相互作用机制的影响研究分析、植草沟对城市径流中DOM与PPCPs相互作用机制的影响研究分析以及土壤渗滤系统，以期可以给更多的人带来关于海绵城市建设对于水环境污染影响的相关知识。

　　在书的第一部分研究中发现北京市不同季节地表径流特征在不同功能区、不同下垫面差异较大，冬、夏季遵循绿地面积与径流雨水中腐殖酸含量成正比的规律，因此草地下垫面腐殖酸较之其他两类下垫面，腐殖酸含量最高；冬季地表径流DOM以陆源为主，夏季以陆源、微生物源混合为主；冬、夏季地表径流样品均含有4个组分，一种类蛋白、三种腐殖酸。而主成分分析将冬、夏季节的样品根据得分各分为2个组分，可以更深入地分析组分之间的异同，还验证了微生物与腐殖酸含量的正相关性。

　　随后的研究中绿色屋顶的出水都表现为对三种重金属离子浓度变化的敏感度增强的现象，且出水DOM与重金属离子的配合位点向类腐殖波长处增加，同时表现为与腐殖酸物质的配合能力增强，这主要是由于绿色屋顶出水中的类腐殖酸物质增加的缘故，说明绿色屋顶出水能够增加下游水体中重金属离子污染的风险，但同时能够降低其所流经的土壤受重金属污染的程度。

关于植草沟部分的研究则说明植草沟表层出水 DOM 对 Cu^{2+} 和 Pb^{2+} 的浓度变化敏感度增强，而底部出水对这两种重金属离子的浓度变化敏感度减弱。在经过植草沟预处理之后的表层出水 DOM 与 Cu^{2+} 的配合位点和配合能力增加，底部出水 DOM 与 Cu^{2+} 的配合能力减弱，而植草沟表层出水和底部出水与 Pb^{2+} 的配合能力都有所减弱，但是底部出水降低得更为明显。这些结果说明，植草沟表层出水能够增加下游水体或者受纳水体中的重金属离子的迁移性。而底部出水能够显著降低地下水受重金属的污染。

本书通过 2D-SYN-COS 可以发现样品 R1 的自发峰的范围在 $280\sim380nm$。样品 R2 和 R3 的自发峰分别在 $270\sim480nm$ 和 $260\sim440nm$ 的范围内。表明样品 R2 和 R3 较 R1 更容易受到 Cu^{2+} 浓度的干扰。2D-SYN-COS 结果表明，在经过不同类型的 EC 处理后，水体中 DOM 对 Cu^{2+} 浓度变化的敏感性增强；通过 2D-ASYN-COS 可以发现：Cu^{2+} 与 DOM 中类蛋白组分的配合能力强于类腐殖酸组分，同时也存在与类腐殖酸组分较强的配合能力。而 Cd^{2+} 和 Pb^{2+} 与类腐殖酸组分的配合能力强于类蛋白组分，但是其与类腐殖酸的配合能力相比于 Cu^{2+} 来说还是相对较弱，且 Cd^{2+} 与类腐殖酸的配合能力强于 Pb^{2+} 与类腐殖酸的配合能力。总体来说，DOM 与这三种 HMI 配合能力的强弱顺序为 $Cu^{2+}>Cd^{2+}>Pb^{2+}$；通过使用 Ryan-Weber 模型计算出不同 HMI 与 DOM 中不同配合位点的 $\lg K$ 值可以进一步验证 2D-COS 结果是否准确。发现 $\lg K$ 值的大小与 2D-COS 中峰值的大小顺序基本相同。

在光谱分析部分，PARAFAC 将获得的样品都分解成 6 个不同的组分，不同功能区的径流雨水包含 3 个腐殖酸组分（C1、C2、C3）、2 个蛋白质组分（C4、C5），其中 C6 为腐殖酸与类蛋白结合组分；3 种下垫面的径流雨水包含 3 个腐殖酸组分（C1、C3、C4）、3 个类蛋白组分（C2、C5、C6）；通过淬灭滴定实验，三维荧光分析可以发现 Cu^{2+}、Pb^{2+} 与类蛋白物质荧光强度淬灭率强于腐殖酸，而 Zn^{2+} 则表现为相反的规律；紫外-可见光分析可以发现，基本符合 DOM 紫外吸光度随着 Cu^{2+}、Pb^{2+}、Zn^{2+} 三种重金属离子浓度升高而升高的规律，但因功能区不同导致的车流量、人类活动等的差异，会出现紫外吸光度大小不同；通过二维相关光谱分析，同步光谱可以发现径流雨水中 DOM 对 Cu^{2+}、Pb^{2+} 的敏感性要强于 Zn^{2+}；异步光谱可以发现 $\lg K$ 值大小与金属结合顺序成正比，Cu^{2+}、Pb^{2+} 会先与位于 $270\sim300nm$ 附近类蛋白光谱带反应，而 Zn^{2+} 会先与位于 330nm 附近的腐殖酸光谱带反应。

通过光谱测量技术结合统计学分析可以更好地揭示 DOM 的形态结构变化及其与 CBZ 的配合机制。使用 EEMs-PARAFAC 模型可以识别出五种荧光组分；在经过 GS 处理后，五种组分与 CBZ 的配合能力均发生了变化。SFS 结合 2D-COS 的结果表明在经过 GS 处理后 CBZ 与 DOM 组分的配合顺序发生变化，从优先与类蛋白质类组分结合变为优先与类腐殖质类组分相结合，在经过 GS 处理后 $\lg K_M$ 值也出现相应的增加。本书的研究结果可对有效改善 GS 设施起到帮助并可以对环境中存在的 PPCPs 污染进行预测。

本书最后一部分研究了土壤渗滤系统对城市径流中溶解性有机质与重金属的相互作用机理，两种改良剂改良的土壤，其中 CTS 改良的土壤与 CSZ 改良的土壤相比，在去除 TP、TN、COD 和 TSS 方面表现出更高的效率。CSZ 改良剂对 TP、TN、TSS 和 COD 的去除率为 $40\% \sim 60\%$、$18\% \sim 35\%$、$67\% \sim 75\%$ 和 $6\% \sim 25\%$，CTS 改良剂对 TP、TN、TSS 和 COD 的去除率为 $91\% \sim 99\%$、$10\% \sim 60\%$、$70\% \sim 85\%$ 和 $88\% \sim 92\%$。由 UV-Vis 和 3D-EEMs 分析可知：两种改良剂改良的土壤对类蛋白物质和类腐殖酸物质都具有去除效果，CTS 改良剂的去除效果优于 CSZ 改良剂。由 2D-SYN-COS 分析可知：两种改良剂均可不同程度地影响 DOM 组分对 Cu（Ⅱ）和 Zn（Ⅱ）的敏感性。由 2D-ASYN-COS 分析可知：两种改良剂均可不同程度地影响 DOM 和 Cu（Ⅱ）及 Zn（Ⅱ）的配合位点和配合顺序。